SDGs時代の
環境問題
最前線

脱プラスチックへの挑戦

持続可能な地球と世界ビジネスの潮流

堅達京子
＋NHK BS1スペシャル取材班

（上）タイの海岸に打ち上げられたクジラ（提供 ThaiWhales）
（下）クジラの胃から出てきたプラスチック製の袋。クジラは栄養が取れなくなり死んだと見られる

（前ページ）1950 年代以降、使い捨てできるプラスチック容器やストローのおかげで人々の暮らしは便利になったが、海にごみが溢れる負の側面も招いた（Peter Stackpole / The LIFE Picture Collection / Getty Images）

（上）プラスチックに取り囲まれた海鳥（撮影 Matthew Chauvin）
（下）レジ袋が漂うバリ島の海（撮影 Rich Horner）

オランダ出身のボイヤン・スラットが 18 歳でオーシャン・クリーンアップを設立したのは、ダイビングで見たプラスチックごみのあまりの多さに衝撃を受けたことがきっかけだった。TEDx での彼のスピーチは瞬く間に広がり、約 90 人の専門家からなるチームがつくられた。40 億円以上の資金を集め、アメリカ西海岸とハワイの間にある「太平洋ごみベルト」から世界で初めてプラごみを回収することに成功。その 3 割は日本由来と見られる（提供 THE OCEAN CLEANUP）

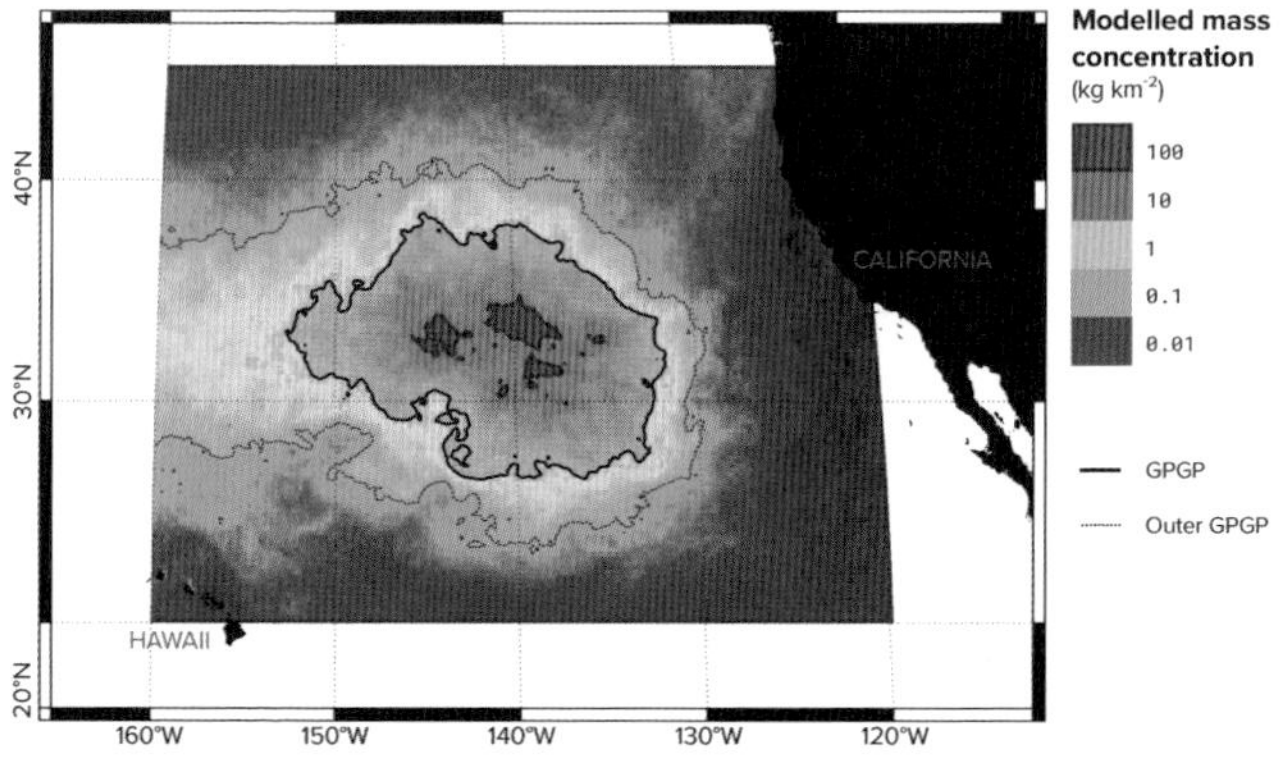

（上）ケミカルリサイクル技術を世界に売り込む日本環境設計の髙尾正樹社長。ペットボトルや化繊衣料など廃プラスチックをリサイクルする世界に誇れる技術力を持つ
（下）日本環境設計の岩元美智彦会長（右端）は、映画『バック・トゥ・ザ・フューチャー』に登場した、ごみを燃料に走る車「デロリアン」を入手。古着からバイオエタノールを作る技術を開発し、実際に走らせることに成功した

（上）フランス・オヨナ市のプラスチックバレーにある容器メーカーのパトリック・ベルナール部長は、使い捨てではないプラスチックコップに社運を懸ける
（下）AI を使ったプラスチックリサイクルに挑むパリのスタートアップ企業のカサンドラ・ドラージュ社長。数種のプラごみを識別し、3D プリンターで「花瓶」などに生まれ変わらせる技術を売り出している

（上）たった一人でスウェーデン議会の前に座り込み、「気候のための学校ストライキ」を始めたグレタ・トゥーンベリさん（16）は、カナダのバンクーバーを訪問。1992 年にリオの地球サミットで「伝説のスピーチ」をしたセヴァン・スズキさん（右端）らが熱狂的に出迎えた（ロイター／アフロ）
（下）グレタさんたちの活動「Fridays For Future」はパリ、NY など世界 185 か国 760 万人を超える若者たちのデモへと広がった。写真はイタリア・トリノでのデモ（提供 Greta Thunberg）

序章　なぜストローは紙になったのか

　このところ毎年のように襲いかかる猛暑。２０１９年の夏、東京でも40度近い異常な高温が続いていた。一息つこうと駆け込んだ喫茶店で何げなく頼んだアイスコーヒー。添えられていたのは、プラスチックではなく紙製のストローだった。別の店には「このストローは、麦わらでできています」の貼り紙が。それどころか最近は、ステンレス製の〝マイストロー〟を持ち歩く人の姿も見かけるようになった。２、３年前の日本では考えられないような光景である。私たちの暮らしを取り巻く風景が、少しずつだが確実に変わり始めていると感じている人も多いのではないだろうか。

「そういえば、大阪で開かれたG20サミットの主要テーマも海洋プラスチックだった」

「2020年7月からは、日本でも法律でレジ袋の有料化が始まるらしいよ」

こうした動きの背景には、いったい何があるのだろうか。なぜ、プラスチック製のストローは変わらなければならないのだろうか。


私は、長年、NHKのディレクター、プロデューサーとして環境キャンペーンの責任者を務め、特にこの10年あまり、様々な特集番組を制作、地球温暖化や気候変動の取材を続けてきた。だが、環境問題にはかなりの関心がある取材先からも、こんな声をよく聞く。

「え？　温暖化とプラスチックって関係あるの？」

「海洋プラスチック問題って、ウミガメの鼻にストローが突き刺さって超かわいそうだから……なんでしょ？」

確かに2015年夏に、ストローの刺さったウミガメが血を流しながら、涙を浮かべている映像がYouTubeで拡散したインパクトは大きかった。SNS時代のいま、瞬く間に世界を駆け巡り、環境NGOだけでなく欧米の政治的リーダーや企業のトップの心まで揺さぶり、対策がスピードアップしたのは間違いない。2018年には、G7サミットが「海洋プラスチック憲章」を採択（日本と米国は署名しなかったが）。コーヒーチェーン世界最大手のスターバックスは、2020年までに世界全店でプラスチック製ストローを全廃すると発表。ファストファッション大手のH&Mは、提供する袋を紙袋に変えるとアピール。日本のファミリーレストランチェーンのすかいらーくグループも、プラスチック製ストロー廃止を宣言した。

だが、一匹のウミガメだけで世界が動いたわけではない。

2016年、世界経済フォーラムの総会、通称「ダボス会議」では、プラスチック問題に詳しいエレン・マッカーサー財団の研究をもとに、衝撃の予測が公表された。このままのペースでプラスチックが増え続ければ「2050年には、海の中のプラスチックの重量が、魚の重量を超える」というのだ。

プラスチックだらけの海を泳ぐダイバーの映像……海鳥の胃にパンパンに詰まったプラスチックの

「2050年に海の中のプラスチックの量が魚の量を超える」という予測だが、すでに世界中の海にプラスチックごみが溢れている（撮影 NOAA アメリカ海洋大気局）

破片や、浜に打ち上げられたクジラの胃袋から出てくる何百枚ものレジ袋。サンゴにはさまったペットボトル。漁網に絡まって身動きが取れないカメ……こうした海の生き物たちのいたたまれない姿は、対策が待ったなしであることを私たちに突き付けてくる。

さらには、魚や二枚貝の中からも検出される小さな5ミリメートル以下のプラスチック、マイクロプラスチックの問題も深刻だ。すでに人間の大便からも見つかり、今後、人間の体にどのような影響を及ぼす恐れがあるのか、世界中で研究が続いている。いまや「プラスチック汚染」は、生態系への大きな脅威となっているのだ。

しかし本書でお伝えしたいのは、それだけではない。プラスチック問題の本質は〝地球の限界〟と深く結びついており、地球温暖化や気候変動の問題とも密接に関わっているという「不都合な真実」だ。

実は環境意識の高いヨーロッパなどでは、もう10年以上も前から、気候変動対策を兼ねた脱プラスチック戦略を練り上げてきた。詳しくは後述するが、石油から作られるプラスチックは、製造時にも燃焼時にも温暖化の原因となる二酸化炭素を排出することなどから、気候変動にも悪影響を及ぼしていることが次々と明らかになってきたからだ。

生態系への影響と気候変動の進行を食い止めるため、世界各国では、大胆な規制を強化している。EU議会は、2021年までにストローやコップ、皿などの使い捨てプラスチックの禁止法案を採択。世界一のプラスチック消費国アメリカでも、カリフォルニアやニューヨークなどで、思い切ったプラスチック規制が進んでいる。

先進国だけではない。インドのナレンドラ・モディ首相は、2022年までに使い捨てプラスチックの禁止を表明。ケニアでもすでにレジ袋の禁止が実行されている。翻って、1人あたりのプラスチック容器包装の廃棄量ではアメリカに次いで世界第2位という日本の動きは、むしろ遅れているといわざるを得ないのが実情だ。

世界では、〝脱プラスチック〟を象徴に、大量生産・大量消費の「使い捨て経済」から、「サーキュラーエコノミー＝循環経済」と呼ばれる新しい経済システムへの移行が加速している。そして、こうした急速な変化の背景には、二酸化炭素など温室効果ガスの排出が一向に減少に向かわず、このままでは、21世紀末の気温が産業革命前と比べて4度以上も上昇し、異常気象の頻発や海面上昇による環境難民、食料や水の不足など人類文明の存亡が危険に晒されかねないという危機的な状況がある。

科学者たちの研究を取りまとめるＩＰＣＣ（国連気候変動に関する政府間パネル）が出した特別報告書を見てみよう。２０１５年のパリ協定で国際社会は、気候変動の危機を回避するための努力目標として、世界の平均気温の上昇を産業革命前と比べて１・５度未満に抑えることで合意した。科学者たちは、そのために必要なのは「エネルギー、土地、都市、インフラ、および産業システムにおける、急速かつ広範囲な変革・移行」、つまり、文字通り前例のない規模とスピードでの〝パラダイムシフト〟だと断言している。まさにプラスチック文明からの脱却もその重要な一歩なのだ。

取り返しのつかない事態に陥らないために、残された時間は少ない。

2019年に立て続けに日本を襲った未曾有の水害の背景にも、温暖化による海水温の上昇がある。その凄まじい破壊力と甚大な被害は、このままでは明日の生活はもちろん、地球の未来そのものが立ち行かないことを私たちに思い知らせた。

そしてついに、実際に異常気象が頻発する世界で暮らしていくことになる子どもたちの世代が立ち上がった。大人たちに気候変動へのアクションを訴えるスウェーデンの16歳の少女グレタ・トゥーンベリさんが始めた若者たちの活動は、いま世界中に広がりを見せている。

グレタさんは、2018年の夏、一枚のプラカードとともに、たった一人でスウェーデン議会の前に座り込んだ。

「気候のための学校ストライキ」

それがいまや、毎週金曜日に若者たちが学校を休んで抗議する「Fridays For Future 未来のための金曜日」というスクールストライキに発展。2019年9月の国連の温暖化対策サミットの一週間には、実に世界185か国以上、760万人を超える大きなうねりへと成長した。彼女たちは、〝脱プラスチック社会〟も含めた〝脱炭素社会〟にいますぐ移行しない限り、自分たちの世代が将来大きな被害に見舞われると必死に叫んでいるのだ。

「私たちの世代から、未来を奪わないで！」

「地球という私たちの家は燃えている。火事になった時のように行動してほしい！」

本書では、2019年4月にNHKで放送したBS1スペシャル『〝脱プラスチック〟への挑戦～持続可能な地球をめざして～』の取材をもとに、その

スウェーデンの少女グレタ・トゥーンベリさんは「気候のための学校ストライキ」のプラカードとともに、たった一人でスウェーデン議会の前に座り込んだ

後の各国の動きや企業の最新動向を交えて、プラスチックをめぐる世界の状況を分かりやすく紐解いていきたい。

まずは、海洋プラスチックごみの回収に挑むNPOオーシャン・クリーンアップの挑戦を通して、プラスチック汚染の現実を見ていこう。さらには、リサイクルビジネスをはじめとする世界の循環経済に向けた動きをお伝えする。

そして最後に、いまの地球が置かれた状況を改めて概観し、番組に登場したピュリツァー賞3度受賞の国際ジャーナリストであるトーマス・フリードマン氏や、気候変動研究の権威として名高いヨハン・ロックストローム博士の言葉も併せて紹介する。

国連が定めた人類共通の目標であるSDGs(Sustainable Development Goals：持続可能な開発目標)を実現する上でも、プラスチックの問題は避けて通れない。いま私たち一人一人にできることは何なのか、どうすれば、危機を食い止めることができるのか、一緒に考えていければと願っている。

目次

第2章 一歩先を行く世界の取り組み 71

第3章 プラスチックを検出する地質年代に生きて 153

デザイン　MIKAN-DESIGN
校正　中井しのぶ
編集　岡山泰史

第1章

海のプラスチックごみを回収する

オーシャン・クリーンアップの挑戦

2018年9月8日、アメリカ・サンフランシスコ港。オランダ生まれの一人の青年ボイヤン・スラットは、世界各国から集まった100人を超える報道関係者の前で、無数のフラッシュを浴びていた。

ボイヤンは、快晴の青い海を背中に、高らかに一つの〝野望〟を宣言した。

「私たちの使命は、世界の海からプラスチックを取り除くことです。まずは、世界で最もプラスチックごみが集まる海域として知られる太平洋ごみベルトから始めます。世界で初めて、海のプラスチックごみを陸に持ち帰れたらと思うと興奮しますね」

現在25歳になるボイヤンは、発明家であり社会起業家として世界が注目する青年だ。オランダに拠点を置くNPOオーシャン・クリーンアップのCEOを務めている。ボイヤンたちのプロジェクトは、世界中から40億円を超す寄付金を集めた壮大なものだ。5年以上の歳月をかけて開発した「システム001」と呼ばれる巨大なプラスチックごみの回収装置を、船で2000キロメートルかなたの太平洋ごみベルトまで曳航していく。今日は、その記念すべき出港の日なのだ。

船が引っ張っていくのは、全長600メートルにもなるパイプのような「浮き」を並べた装置。

これを使ってプラスチックごみを囲い込み、一網打尽にする計画だ。目標は、太平洋ごみベルトのプラスチックごみを5年以内に50％回収すること。果たして、本当に可能なのだろうか。

魚の量を上回る海洋プラスチックごみ

いま、世界のプラスチック生産量は、年間4億トン。1950年代に比べて、200倍に増えている。レジ袋の数だけで年間5兆枚。今後20年でプラスチックの生産量は2倍になり、2050年には4倍に達するという見通しもある。

そして世界の海には、毎年、500ミリリットルのペットボトル5000億本に相当する910万トンものプラスチックごみが流出している。このままのペースで増え続ければ、海洋のプラスチックごみは、2050年には、魚の量を超えると予測されている（2016年、ダボス会議）。

プラスチックとは、「成形できるもの」を意味するギリシャ語の「plastikos」が語源とされる合成樹脂の総称だ。車のハンドルからタイヤの合成ゴム、歯ブラシから紙オムツ、洗剤や化粧品の容器、スーパーの食品トレイやフィルム、そして洋服に使われている合成繊維まで、様々な種類があって一様ではない。だが、大きな特徴は、基本的に長い時間がたっても完全に分解されることはない、ということだ。

軽量で成形がしやすいその特性は、工業製品を作ったり、包装材として使用したりするには極めて便利だった。セルロイドと呼ばれる植物天然素材を利用した半合成のプラスチックが誕生したのは1869年、100％人工素材のプラスチックが誕生したのは1907年とされる。その後、特に1950年代以降、プラスチックは現代文明に不可欠な素材として爆発的に使用されることになった。大量生産ができ、丈夫で長持ち、しかも安価……この半世紀あまり、人類は、あらゆる場所でその恩恵を受けてきた。その軽さや密封性の高さによってエネルギー消費が抑えられ、むしろ地球環境問題の解決に役立ってきた側面があることも事実だ。

だが、基本的に自然に還らない素材であるがゆえに、これまで生産してきたプラスチックは、捨てられたのち埋立地や海に残り続け、生態系に大きな影響を与えている。すでに太平洋の島々や、日本の海岸線の一部でも、流れ着いたプラスチックごみが浜辺を埋め尽くしている姿が目撃されている。沖合を泳ぐダイバーたちが、正直、気持ちが悪くなるほどの数のプラスチックごみの中で悪戦苦闘している映像も、多数撮影されている。

なぜ挑戦するのか ボイヤンの思い

ボイヤン青年が、太平洋のごみ回収という壮大なプロジェクトを立ち上げたきっかけも、彼が海の中で目にしたある光景だったという。

「16歳の時、ギリシャへ家族旅行に行き、ダイビングの免許を取ろうとしました。ドキュメンタリーで見るような美しい海の生物を見たかったからです。でも僕のまわりは魚よりもレジ袋のほうが多かった。とてもがっかりして、レジ袋を取り除けないかと考えました。それがオーシャン・クリーンアップの始まりです」

ボイヤンたちのNPOオーシャン・クリーンアップが本拠を置くのは、オランダ第二の都市ロッテルダムだ。ここでは、海のプラスチック汚染の解決をめざして世界中から集まった90人ほどのメンバーが働いている。

2011年、ダイビングした海の深刻な状況に衝撃を受けた17歳のボイヤンは、高校の仲間たちと一緒に「海のごみ回収」をテーマに研究を始めた。海から膨大なプラスチックごみをなくすには、どうすればいいのか——。考え抜いたボイヤンがついに思いついたのが、現在のプロジェクトにつながる、海流の力を利用した画期的なごみ回収法だった。

翌年、デルフト工科大学の学生になったボイヤンは、そのアイデアを世界的なプレゼンテーションイベントであるＴＥＤｘで披露した。

「環境問題について話すと一般的な反応は、『ずっと先のことさ。子どもたちが心配すればいい』という感じなんです。僕は、まさにその子どもの世代なんですけど（笑）。なぜ、回収しないんですか？　僕は太平洋ごみベルトを完全にきれいにできると思っています。できないなんて言わないで、一緒に回収しましょうよ！」

決意を世界に表明したボイヤンは、その後、ＮＰＯオーシャン・クリーンアップを設立。わずか３００ドルが元手の小さな組織だ。だが１か月後、プレゼンがアメリカのニュースサイトで取り上げられると、驚くべき反響が起きた。

「瞬く間に１００万人以上が私の発表を見ました。１週間以上にわたって、専門技術で貢献したいとか寄付をしたいというメールの洪水でした」

集まってきたメンバーには、海洋学者や生物学者、元陸軍の技術士官や海洋油田で働いていたエンジニアもいる。構造設計や流体力学など高度な専門性を持つ仲間が、世界中から門を叩いた。

「私は大学で海洋土木を学びました。オーシャン・クリーンアップに参加した理由は、テクノロジーを社会的責任として活かせる仕事だからです」

「私は海洋生物学者です。プラスチック汚染の問題を生み出したのは、私たち人間です。海の生き物を守ることは人間の責任だと信じています」

ボイヤン自身も、デルフト工科大学で宇宙工学を学んでいたのだが、仲間と資金を得たことをきっかけに大学を中退、オーシャン・クリーンアップのＣＥＯ業務に専念し、世界を飛び回っている。

オーシャン・クリーンアップの支援者には、アメリカのＩＴ企業であるセールスフォース・ドットコムの創業ＣＥＯや、電子決済サービスのペイパルの共同創始者ら億万長者も名を連ねる。６年間に集めた寄付金の総額は４０００万ドル（約44億円）を超えている。

世界の海からプラスチックごみをなくしたい！という一人の青年の夢は、多くの人々の心を突き動かし、前代未聞のプロジェクトへと発展していったのだ。

謎の実態　太平洋ごみベルト

オーシャン・クリーンアップにとっての最初の大きな課題は、陸地から最低でも１０００キロメートル以上離れている太平洋ごみベルトの現状を探ることだった。

海に流出したプラスチックは、海流によっていくつかの場所に集中することが知られている。なかでも太平洋のど真ん中に高密度でごみが集まることは、すでに1980年代からシミュレーションによって予測されていた。

世界を震撼させた『プラスチックスープの海』(NHK出版)という本を執筆した海洋研究者のチャールズ・モアは、90年代後半からこの海域の調査に乗り出し、私たちも〝太平洋ごみベルト〟といった通称を度々耳にするようになった。英語では Great Pacific Garbage Patch と呼ばれ、ベルトというイメージとは異なる実に巨大な海域だ。

だがその実態は依然として大きな謎に包まれていたと、ボイヤンは語る。

「分かっていたのは、太平洋ごみベルトにプラスチックごみがある、ということだけでした。プラスチックはどの深さにあるのか、どんな大きさか、どれだけの量なのか、全く分かっていませんでした。この基本的な疑問に答えるため、大遠征を行なおうと決めたのです」

2015年、オーシャン・クリーンアップは、30隻の船を並走させて太平洋ごみベルトのプラスチックごみのサンプルを収集する1か月の大遠征を開始した。ハワイからアメリカ西海岸へ、広大な海域を30隻が同時に行なう大規模な調査は世界で初めてだった。

ボイヤン自身もこの遠征に参加した。調査したのは、350万平方キロメートルの海域で、ごみの集積度を示す高解像度の地図の製作など大きな成果があった。(5ページ下の図)

スタッフたちは、通称マンタネットと呼ばれる細かな目の収集用ネットを使って、海面付近に浮いているプラスチックを集める。太平洋ごみベルトといっても、その面積は160万平方キロメートルと実にフランス3つ分の面積に匹敵するほどの広さがあるため、船の上から眺めると一面がごみで埋め尽くされているという印象は受けない。しかし、実際にネットで回収作業を行なうと大量のプラスチックが浮いたり溶け込んだりしていて、モアの言葉を借りれば〝スープのような〟状態で存在しているのだ。

ボイヤンたちは、さらに、大きなプラスチックごみの量を調べるため幅6メートルの口を持つネットを独自に開発し、調査した。すると、遠くからは一見ごみがないように思える海域でも、かなり大きなプラスチックごみが見つかった。

日本のプラごみが一番多い！

実は試験的に回収したプラスチックごみを解析した結果、国別では日本のごみが最も多かった。文字が読み取れたごみの30％は日本語だったという。東日本大震災など津波の影響も一部あるのかもしれないが、この結果には私も正直、驚いた。

そもそも日本の人口1人あたりのプラスチック容器包装の廃棄量は、アメリカに次いで世界第2位、普段の私たちの生活の中にも、包装など過剰なまでの使い捨てプラスチックが溢れている。日本のプラスチック消費量は、年間約1000万トン。1人あたりに平均すると、年間70キログラム以上と、大人の男性の平均体重よりも重いプラスチックを使っていることになる。例えば、レジ袋は年間合計で450億枚も配布され、1人あたりに換算すると1日1枚以上、ペットボトルは年間190本以上使っているというデータもある。それらの一部が、流れ流れて太平洋ごみベルトを漂っている事実を突き付けられると、ボイヤンたちの取り組みは、決して他人事ではない。

プラスチックごみの中でも目立つのがゴーストネットと呼ばれる漁網だ。複雑に絡まり合っているため、ウミガメなどにまとわりつき、身動きが取れなくなる生物も多い。オーシャン・クリーンアップの分析では、漁網は全体の約半数を占めているという。こうした漁業関係のプラスチックごみもサンプルとして持ち帰った。

採集したプラスチックのサンプルはすべてオランダに運んで分析した。プラスチックの種類とサイズで分類し、一つずつ数を数え、重さを量る。サンプルの総数は、1ミリメートル以下のものも含め約120万個、気の遠くなるような作業だ。すべての分析に3年かかった。

調査船に乗っていたスタッフの一人、海洋生物学者のフランチェスコ・フェラーリは、太平洋のど真ん中という現場で作業を続ける中で強い憤りを感じたという。

「あの場所は本来、文明から遠く離れた、この地球で最も原始的で美しい場所であるべきなのです。何かが間違っている。そしてプラスチックが生き物たちにどれだけのダメージを与えているか痛感します」

中でも、回収したごみの中に想像以上に古い物があったことに驚いたという。分解しにくいというプラスチックの特性がリアルに現れていたのだ。

「これはたぶん牛乳のケースですね。おそらく70年代に作られたものです。本当に長い間、水の中にあったみたいです。70年代から90年代にかけてのもの、2000年代のものもあります。これは、靴の片方、ごく普通のバケツ、ライター、歯ブラシ、子どものおもちゃ。ここには明らかに噛まれた痕があります。おそらく魚がエサと間違えて噛んだものです。ということは、もちろんプラスチックが魚の体内に取り込まれたということです」

オーシャン・クリーンアップが収集した太平洋ごみベルトのプラスチックごみ。牛乳のケースや漁具、バケツやおもちゃなど様々だが、文字が読み取れたごみの30%は日本語だった

海洋生物学者のフランチェスコが恐れているのは、形が残っているプラスチックが、紫外線に晒され波にもまれることで次第に細かくなっていくことだ。ある一つのネットの中にあったごみを大きさ別に分けてみた。5～15ミリメートルが274個。1・5～5ミリメートルが4443個。一番小さい0・5～1・5ミリメートルは3710個、見つかった。

「見てください。元がどんなプラスチックだか認識できないほど小さい。これが危険なんです。さらに厄介な問題は、とてももろいということです。この破壊のプロセスはすべてのプラスチックで起こります。プラスチックは、ゆっくりと小さく小さくなっていきます」

小さなかけらになったプラスチックは、海の生き物がエサと誤って食べてしまう確率が高まる。実は、このマイクロプラスチックと呼ばれる直径5ミリメートル以下のプラスチックのかけらの存在こそ、地球の生態系が直面している深刻な課題なのだ。

マイクロプラスチックの脅威

マイクロプラスチックの汚染は、東京湾にも広がっている。

この問題の世界的研究者、東京農工大学の高田秀重教授は、2013年以来、学生たちと定期的に調査を続け、カタクチイワシや貝など生き物への調査も行なっている。ある日の調査でも、汲み取った東京湾の海水から、1ミリメートルに満たないような、小さなマイクロプラスチックが発見された。高田教授は、こう語る。

「首都圏には日本の人口の4分の1が住んでいますので、それに応じた量のプラごみも入ってきてしまいます。東京湾のプラスチックの汚染というのは世界の中でも、日本の中でも進んでいるほうになると思います」

マイクロプラスチックの生き物への影響はどれくらいあるのだろうか。高田教授は、2015年に東京湾で捕ったカタクチイワシの分析を行なった。その結果、64匹のうち8割近くの内臓からマイクロプラスチックが見つかっている。他にも、ハシボソミズナギドリやオオヤドカリの消化管からもマイクロプラスチックが検出された。いわば、プラスチックが生態系の隅々にまで入り込んでいることが明らか

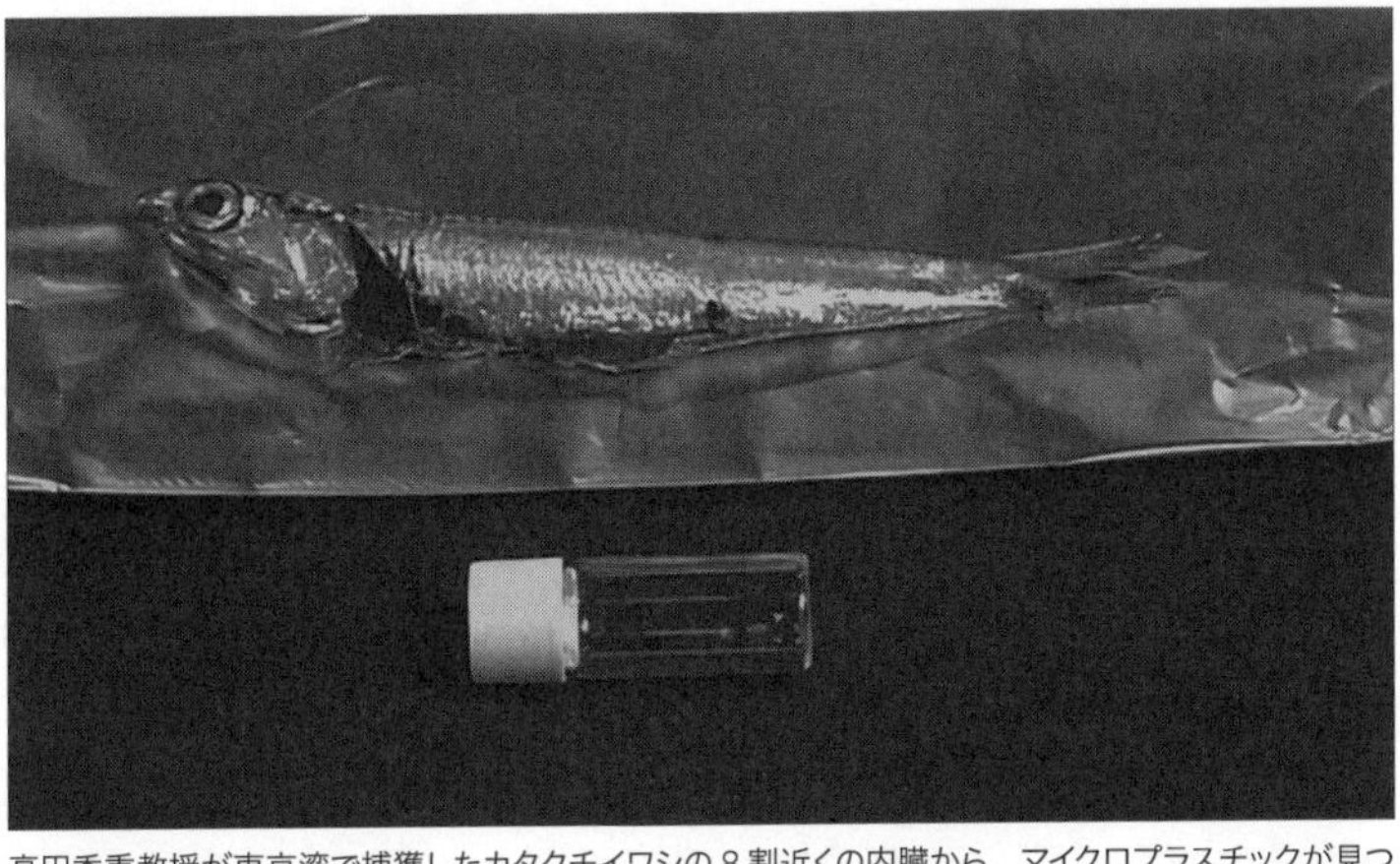

高田秀重教授が東京湾で捕獲したカタクチイワシの8割近くの内臓から、マイクロプラスチックが見つかった

になってきたのだ。

胃の中がプラスチックの破片で埋め尽くされ、栄養失調になって死んでしまう生き物たちは悲惨きわまりなく、なんとしても救わなければならない。だが、いま懸念されているのは、海の中の食物連鎖によって、マイクロプラスチックを通した汚染が起きることだ。

プラスチックには、その品質を向上させるために添加剤として様々な化学物質が入っていて、中には有害なものもあり、マイクロプラスチックになっても毒性が残る。これに加え、石油から作られるプラスチックは、PCBsなど海底の泥や海水中に溶けている有害化学物質を表面に吸着させる働きを持っている。このため小魚がマイクロプラスチックを取り込むと、それを食べる大きな魚に有害物質が蓄積される。さらに、その大きな魚を食べる捕食者には、

直径5ミリメートル以下のプラスチックのかけらをマイクロプラスチックと呼ぶ。1ミリメートルに満たないものも多い

一層多くの有害物質が蓄積される。こうした食物連鎖の中では、「食う・食われる」の関係の中でより上位にあたる個体に有害物質が濃縮されていくのだ。それは最終的には、食物連鎖の頂点に立ち、魚介類を食べている私たち「人間」へとつながっていく恐れがあることを意味している。

マイクロプラスチックが汚染物質の〝運び屋〟となっていることに、高田教授は危機感を募らせる。

「海の中には、様々な汚染物質が溶けています。いま排出されているものだけでなく、過去に排出されたものもあります。マイクロプラスチックが、まわりの海水中からこうした汚染物質をどんどん吸着、濃縮し、運び屋として生物の体の中に運び入れるということが、いま最も懸念されていることです」

私たち人間への影響はないのだろうか。

高田秀重さんは東京農工大学農学部環境資源科学科の教授として長年プラスチック問題を研究してきた。国連の海洋汚染専門家会議では、世界のマイクロプラスチックの評価も担当している

２０１８年、ウィーン医科大学などの研究チームが、日本人を含む人間の大便の中からマイクロプラスチックを初めて検出した。いまのところ、マイクロプラスチックそのものは消化されず、短期間で体外に排出されると考えられ、すぐに健康への直接的な影響があるとは見られていない。高田教授も、東京湾の魚を普通に食べているという。

しかし懸念されているのは、まだまだ未解明のことが多く、今後、マイクロプラスチックが増えていった時にどういった事態が引き起こされるのかはよく分かっていない、ということだ。高田教授のグループでは、二枚貝に人為的に東京湾の海水中のＰＣＢｓなど汚染物質を吸着させ、どのように貝の体内に移行するか実験を行なった。その結果、数日から10日程度で有害物質が二枚貝の生殖腺の中に溜まってくることが明らかになった。

さらに高田教授のグループでは、海鳥が摂食したプラスチックから化学物質が溶け出し、生物の組織に移行・蓄積することも確認した。例えば、添加剤を練り込んだプラスチックを海鳥のヒナに食べさせる実験では、16日後にはヒナの肝臓、脂肪中の添加剤濃度が上昇した。これは、プラスチックを食べたことにより添加剤由来の化学物質が生物内で濃縮していくことを示している。

高田教授の最新研究では、コアホウドリのケースでは、現状の2倍のプラスチック量になると、９割の個体が、食べたプラスチックによる添加剤の影響を受ける可能性があるという。

実は人間は、プラスチックの容器を飲食に使うことによって、プラスチックが作られる際に加えられている添加剤に含まれる有害な環境ホルモン（内分泌かく乱物質）に少しずつ晒されていると考えられている。これに加え、マイクロプラスチックが引き寄せた有害汚染物質が魚介類の脂肪などに蓄積したものを食べ続けるといったことで、間接的にも汚染に晒されている。この状況を鑑みると、どうやらこれまで考えられていた以上に、将来、ヒトへの影響が顕在化する恐れがあるのではないかと懸念されている。高田教授は警告する。

「野外の生物ではいまのところ、影響が顕在化しているということは確認されていません。しかし、将来プラスチックの量が増えると、そういうプラスチックを食べた生物に有害化学物質が移行して、それをまた食物連鎖を通して人が食べることの寄与（影響）が大きくなる可能性はあると思います」

私たちはクレジットカード1枚分のプラスチックを毎週摂取している

マイクロプラスチックが至るところに入り込んでいる私たちの暮らし。最近では、驚くべき報告も次々と上がっている。

ＷＷＦ（世界自然保護基金）の委託で、豪ニューカッスル大学などが行なった研究では、現在、世界中の人々は、毎週クレジットカード1枚分に相当する5グラムのマイクロプラスチックを摂取している可能性があるという。

実は、ペットボトル入りの飲料水からもマイクロプラスチックが検出されている。9つの国からサンプリングされた259本のペットボトル飲料水のうち、93%からマイクロプラスチックが見つかったという。ペットボトルよりは少ないが、水道水の81%にもマイクロプラスチックが含まれていることも分かっている。

また、世界21か国で採れた塩を使った食卓塩の39銘柄を調査したところ、90%からマイクロプラスチックが検出されている。カナダの研究者は、魚、貝類、砂糖、塩、ビール、水、都市部の空気などに含まれるマイクロプラスチックの数を推計。地域や食生活にもよるが、私たちは毎年、7万～12万個のマイクロプラスチックを口に入れているという。肉や乳製品、穀物、野菜についてのデータはまだないので計算に入れていないというから、この先もっと高い数値が出てくる可能性もある。

空気や水にまで含まれていると聞くと、さすがに心おだやかではいられない。海を漂っているマイクロプラスチックは、風に巻き上げられ、大気や水の循環に組み込まれて長距離を移動している可能性があるという。実際、米地質調査所と米内務省の調査によると、ロッキー山脈で採取した90%の雨水にマイクロプラスチックが含まれていることが分かった。2019年夏に発表された報告書『プラスチックの雨が降る』によると、コロラド州で採取した雨水を顕微鏡で分析した結果、プラスチックの破片とともに、色とりどりのプラスチック繊維が検出された。実は、私たちがポリエステルの繊維を洗濯することで、知らぬ間に多くのマイクロプラスチックが川や海に流れ込んでいるのだ。さらにマイクロプラスチックは、アメリカの地下水からも発見されている。

ロッキー山脈だけではない。フランス・ピレネー山脈でもマイクロプラスチックが見つかり、その汚染度はパリに匹敵するという。日本でも福岡市内で採取された大気からマイクロプラスチックを検出している。驚くことに、人里遠く離れた北極圏に降り積もった雪や氷からも見つかっている。南極も例外ではない。九州大学と東京海洋大学の共同チームは、南極海でマイクロプラスチックを検出している。

プラスチックが見つかるのは、海の表面だけではない。水深1万1000メートルのマリアナ海溝の最深部でも、プラスチックのレジ袋やお菓子の袋が発見され、その映像は世界にショックを与えた。中国科学院の研究では、マリアナ海溝で採取した堆積物や水の中から、大量のマイクロプラスチックを検出。最も汚染された部分では1リットルあたり2000個も含まれていた。

イギリスの研究者たちは、同じようにマリアナ海溝の最深部に生息する小エビに似た端脚類という小さな生物の中から、マイクロプラスチックの一種であるマイクロファイバー（8マイクロメートル以下の極細の合成繊維・化学繊維）を発見。このチームの調査では、世界で最も深い6つの海溝にすむ深海生物がプラスチックごみを食べていて、採取した個体の80％の消化管からプラスチックの繊維やマイクロプラスチックの粒子が見つかった。

こんな報告もある。野生のサンゴがマイクロプラスチックを食べているというのだ。ボストン大学の研究では、偶然食べているというよりも、栄養価のないマイクロビーズ（マイクロプラスチックの一種で0・5ミリメートル以下のもの。歯磨き粉や洗顔料、化粧品のスクラブ効果として配合されていることがある）を好んで食べているという。だが、これで空腹が満たされてしまうと成長が阻害されかねず、また、細菌が付着したマイクロプラスチックは、サンゴに病気や死

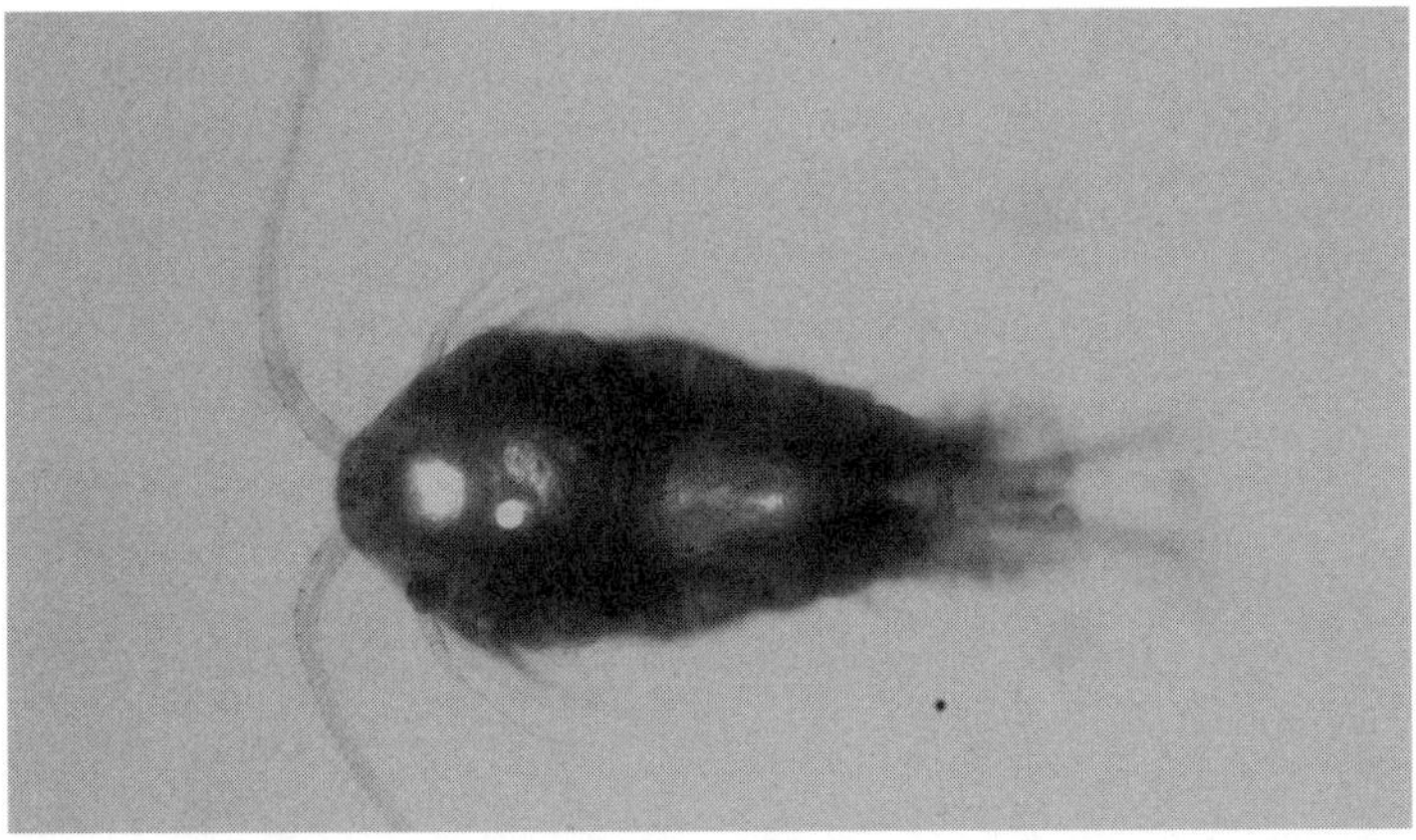

動物プランクトンがマイクロプラスチックを摂取する様子が実験下で確かめられている。海の食物連鎖の根幹をなしている動物プランクトンの健全性と生態学的な役割に、重大なリスクをもたらすことが指摘されている（提供 Matthew Cole）

をもたらす可能性もある。

こうした一連の発見は、何を意味しているのだろうか。

現在、海で見つかっているプラスチックの量は、流れ込んだプラスチックごみの量よりも、大幅に少ない。研究者たちは、プラスチックのかけらは、マイクロプラスチックとなってどんどん海の底に沈んでいっていると考えている。おそらく数年かけて沈んでいき、そして消えることなく、先ほどの深海に生息する小エビのような生き物も含め、プランクトンや魚などの体内に入り込む。つまりマイクロプラスチックは、私たちが思っている以上の規模で、食物連鎖を通して海の生態系に取り込まれていくのだ。

世界のどこにいても、プラスチック汚染から逃れられない

もはや、私たちはプラスチック汚染の環境下で暮らしていることを自覚すべきなのだろう。

九州大学の磯辺篤彦教授らのチームは、海に漂うマイクロプラスチックの量が将来どこまで増えるか、世界初のシミュレーションを行なった。その結果、海洋上層部に浮遊するマイクロプラスチックの重量濃度は、2030年にいまの2倍、2060年にいまの4倍に達すると見られている。この2060年のマイクロプラスチック濃度が、生物に害を及ぼす危険レベルに

達する可能性も指摘されている。

しかも、マイクロプラスチックの数は、北半球のほうが南半球よりも1桁多く、さらに日本近海のマイクロプラスチック数は南半球より2桁も多くなっており、いわばマイクロプラスチックのホットスポットになっていることも分かってきている。

こうした事実に私たち日本人は、これまであまりにも無知だったのではないか。

私がマイクロプラスチックの問題に気づかされたのは、2015年にフランスとの国際共同制作で『海洋アドベンチャー　タラ号の大冒険』という特集番組の企画を始めた頃だった。

ファッションデザイナーのアニエスベーが支援しているタラ財団では、地球温暖化の海への影響を探るため、タラ号という海洋探査船で世界中の海を徹底的に調査してきた。北極海の海氷や太平洋のプランクトン、サンゴ礁の大規模調査と並んでテーマになっているのが、プラスチック問題だ。タラ号は2019年、EU域内の河川でマイクロプラスチックを調査しているが、すでに2014年に地中海で本格的な調査を実施していた。

当時、正直言って、私のプラスチックへの意識はまだまだ低かった。その後、太平洋を横断してはるばる来日したタラ号のクルーのために日本風の手ぬぐいやお菓子をお土産としてプレゼントしたのだが、手渡した際、彼らの顔は一瞬さっと曇った。富士山の絵がかわいいと思って選んだ個別包装用の袋が、プラスチックだったからだ。

「プラスチックバッグ……」

私が気恥ずかしい思いをしたのは、いうまでもない。

タラ財団のロマン・トゥルブレ事務局長は、2018年に来日した際、本気でこう訴えた。

「なぜ、東京オリンピックは、プラスチックフリーじゃないの？　一番関心が集まっている時に開催するんだから、世界にアピールする絶好のチャンスなのに」

これまた私は、「そうですね。当たり前ですよね」とは答えられず、歯がゆい思いをすることになった。

いま思えば、5年以上前からヨーロッパでは、マイクロプラスチックをはじめとするプラスチック問題が大きな課題として注目されていたのだ。しかし残念ながら、我々日本のメディアの関心度はそれほど高くなかったのが実情だ。ボイヤンたちの活動にあれほど多くの資金が集まったことに私たちは驚かされたが、そこには、プラスチック文明が引き起こす未曾有の事態への大きな危機感があったのだ。

マイクロプラスチック化を食い止めろ！

ボイヤンたちも、太平洋でのごみ回収を急ぐ理由には、このマイクロプラスチックの問題があると断言している。

2016年、ボイヤンたちオーシャン・クリーンアップは、NASA（アメリカ航空宇宙局）と協力して、飛行機による調査を行なった。太平洋ごみベルトの上空から、魚網などの大きなごみの分布と正確な量を調べるのが目的だ。最新機器も使い、海面下の量も立体的に計測。船と空からの調査で太平洋ごみベルトの姿が見えてきた。

その調査で分かったのは、海域にあるプラスチックの総量は8万トン。プラスチックの個数は1兆8000億個にも上るということ。新しい発見は、その92％が、いまはまだ5ミリメートル以上の大きさを保っているプラスチックだったことだ。ボイヤンは調査の結果を世界に訴えた。

「ほとんどのプラスチックは、まだ大きさを保っていました。でもその大きなかけらは、この20〜30年の間に、小さくて危険なマイクロプラスチックになってしまいます。海からプラスチックごみを回収しない限り、マイクロプラスチックは増え続けます。この海の時限爆弾を取り除かなければなりません。それがオーシャン・クリーンアップ設立以来の私の使命です」

実際、最新の研究では、マイクロプラスチックよりもさらに小さい「ナノプラスチック」についての懸念も出てきている。これは、直径が1ミリメートルの1万分の1未満のプラスチックで、ここまで小さいと、細胞膜を通り抜けてしまうという。こちらの研究はまだまだ未解明のことも多いが、いずれにせよ、人体や生態系全体への影響が明らかになってからでは手遅れなのだ。

温暖化とプラスチック

ボイヤンがプラスチック問題の解決をめざすのには、もう一つ大きな理由がある。それは、気候変動の進行を少しでも食い止めたいという強い思いだ。

ボイヤンが生まれ育った故郷オランダは、国土面積の4分の1が海抜ゼロメートル地帯にある。オーシャン・クリーンアップの本部があるロッテルダムもそうだ。13世紀に先祖たちが、人間の力で干拓や埋め立てを行ない、発展を遂げてきた。もし、このまま温暖化が進んで海面が大幅に上昇すれば、故郷は海に沈んでしまう。

実は、石油から作られるプラスチックは、製造の過程でも、輸送やごみとして燃焼する際にも、温暖化の原因となる二酸化炭素を排出し、地球に大きな負担をかけている。EUの試算では、プラスチック資源を循環型に変えるなどの戦略を取ることで、温室効果ガスの排出量を2〜4%削減できるという。

ボイヤンもはっきりと、その関係性を意識している。

「気候問題とプラスチック問題の間には、間違いなく関連があります。石油使用量の約8%は、プラスチックの原料を作るために使われますが、それだけでなくプラスチックを作る際にもエネルギーが必要です。さらに、海中にあるプラスチックから温室効果ガスが出ている可能性があるんです」

ハワイ大学の衝撃の研究結果

温暖化とプラスチックには、具体的にどんな関係があるのか。

実は2018年、ハワイで、世界初となるある重要な論文が発表された。海洋研究に力を入れているハワイ大学のデイビッド・カール教授は、これまでも太平洋ごみベルトに出向き、プラスチックを収集するなど調査を続けてきた。

「私たちは、海に浮かぶプラスチックから排出されるガスに着目しました。ハワイ大学で行なった実験で、プラスチックが温室効果ガス、特にメタンガスを出すことを突き止めました。私にとっても、予想外で大きな驚きでした」

レジ袋やペットボトルなどのプラスチックごみは太陽光や水に晒されると、劣化が進む過程でメタンガスやエチレンガスを発生させることが初めて分かったのだ。特にメタンは二酸化炭素の25倍もの温室効果をもつ危険なガスだ。廃棄プラスチックから自然発生していることは、これまで想定されていなかった。

ハワイ大学では、太平洋ごみベルトで収集したプラスチックと新しいプラスチックを使って、海水の中と空気中、日光の有無など条件を変えて実験し、分析した。その結果、プラスチックは、太陽光や水に晒されている時間が長いほど、温室効果ガスの排出量が多くなることが明らかになった。しかも海に限らず、陸地でもどこにあってもガスを出しているというのだ。

カール教授のグループでは、食品容器や建築素材、化学繊維など様々なプラスチック製品の素材となるポリカーボネート、アクリル、ポリプロピレン、ポリエチレンテレフタレート、ポリスチレン、ポリエチレンで実験を行なったところ、最も多くメタンとエチレンを放出するのは、レジ袋の原料にもなっているポリエチレンだと分かった。ポリエチレンは、世界で最も生産され廃棄されているプラスチックだ。

カール教授は警告する。

「論文を発表すると、何人かの気候科学者から注目

ハワイ大学の海洋研究者のチームは、海洋プラスチックごみの研究から、それらがメタンなど温室効果ガスの排出源となっていることを突き止めた（撮影 Sarah Jeanne Royer）

する必要があると言われました。今後は、プラスチックから出るメタンも地球温暖化の原因に加えていかなければならないのです。将来、プラスチックはさらに増え、汚染地帯からは、より多くの温室効果ガスが出てくることでしょう」

廃棄プラスチックから出る温室効果ガスがどれくらい地球温暖化の進行に影響を与えるのか、まだ詳しい数字は分かっていない。しかし、すでに温暖化が引き起こす異常気象の頻発に苦しんでいるいま、この新たな事実により、地球温暖化の危機は一層加速してしまう恐れがあるのだ。

プラスチックの年間生産量は、このままのペースで進めば、20年後には現在の2倍になり、自然界に廃棄される量も増えると予測されている。プラスチックごみをなくすための取り組みを続けている国連環境計画(UNEP)は、ハワイ大学の研究結果によって、生態系へのプラスチック汚染の対策だけでなく、温暖化対策としてもプラスチック問題を解決する必要性が示されたと、事態を重く受け止めている。

番組ディレクター　小林俊博

素顔のボイヤン

2019年2月、私はカメラマンとともに、ロッテルダムにあるオーシャン・クリーンアップを取材した。本部の建物は、トラムが行き交い、自転車専用道路が整備されたロッテルダムの中心部にある。ほんの小さな貸しスペースから始めたオーシャン・クリーンアップだが、いまでは、この建物の4階から7階を占める大人数のNPOに成長している。

私が初めてボイヤンの名前を知ったのは、「18歳の青年が考えたアイデアが世界を救う」というネットの記事だった。彼を一躍有名にしたTEDxのプレゼン映像を見て、ユーモアを交えながら理知的に訴える姿に、たちまち魅了された。

もともとボイヤンは、物作りが大好きで発明家気質の子どもだったという。2歳の時には自分が座る小さな椅子を自分で組み立てていたらしい。その後もコンピュータやロケットを組み立てることに夢中になり、14歳の時には、250個の水ロケットを同時に打ち上げるというギネス世界記録も作っている。

素顔のボイヤンは、いったいどんな人物なのか。

オフィスのボイヤンは、大部屋でメンバーと席を並べ、黙々と仕事をしていた。ミーティングに参加しても静かに話を聞いている。大きな声でチームを鼓舞して、グイグイとプロジェクトを進めていくタイプではない。私のインタビューにも、考えながら淡々と答えてくれた。人前でのスピーチの時とは全く違う、普段は物静かな若者だ。

少し変わったところもある。オーシャン・クリーンアップでは、メンバーがランチを共にする習慣になっている。何種類ものハムやチーズ、日本にはない様々なパテ、野菜、パンなどが用意されていて、サンドイッチを作って食べる。だが、そこにボイヤンの姿はない。彼は全ての栄養素を含んだドリンクを仕事の合間に飲んでランチを済ませているとのこと。海をきれいにしたいという夢を追う彼には、時間がいくらあっても足りないのだろう。効率よく時間を使うことに神経を注いでいるようだ。そういえば、彼のデスクにある椅子は、エアロバイク風。座って仕事をしながら運動もできるようになっている。

NPOの仲間に、ボイヤンの印象を聞いてみた。彼らはもともと、ボイヤンの夢に引き寄せられて、ここに来た人々だ。

「彼は、本当にたくさんの情報を集めてくる。いつも何かを考えていて、素晴らしいアイデアを生み出すんだ」

「自分より10歳も年下だが、なんだか年上の人と話しているみたいだ」

実際、チームの8割のメンバーはボイヤンより年が上だ。20歳以上も年上の責任者はこう言った。

「彼は魅力的な性格をしていて、まわりにいる人を熱狂させることができるんです。だから才能のある人が大勢集まってくる」

相手の話をきちんと聞き、的確な質問を投げる能力にもたけているという。静けさの中に秘めた熱い情熱……そういえば、私自身もいつの間にかこの若者の虜になってここにいる。世界中の海からプラスチックをなくしたいというボイヤンの挑戦を、見守り続けたいと強く思った。

ボイヤン、太平洋での苦闘

16歳の時、ギリシャの海で衝撃的な光景を初めて目の当たりにして以来、ボイヤンたちは、なんとかして人間の叡智とテクノロジーで、この危機を解決したいと願い続けてきた。広大な海を漂うプラスチックを回収するシステムを作り上げるには、どうしたらいいのか。

ボイヤンのアイデアはシンプルだ。海に巨大なパイプ状の浮きを浮かべて囲い、海流の力を利用してプラスチックを追い込んでいく。そうしないと、ごみ回収そのものに巨大なエネルギーが必要となり、LCA（ライフサイクルアセスメント）というトータルでのエネルギーコストから考えても、地球に負荷がかかりすぎてしまう。この海流を使った回収というアイデアを具体化するのには、実に5年以上の試行錯誤があったという。

最初の頃は、地元のプールを借りて、試作品をテスト。手動で波を起こし、パイプの下のごみを受け止めるカーテンの動きを研究した。2015年には、海洋王国オランダが誇る世界最大級の実験用プールで、実際の18分の1のサイズのモデルをテストした。波の動きに合わせて、パイプ状の浮きが柔軟に動けるか、詳細に調べたのだ。オランダ沖の北海でのテストが始まったのは2016年。モデルにしたのは海難事故での油の流失を防ぐためのフェンスだ。実際の海に設置し、耐久性を調べた。その成果をもとにシステムを改良、高密度ポリエチレンの浮き状のパイプの下に、特殊な素材で作った3メートルの長さのカーテンのようなスクリーンを設置することにした。

最終テストは、2018年5月、サンフランシスコの80キロメートル沖合の荒海だ。システムは、高さ5メートルの波にも耐え抜いた。ついにボイヤンは本番へのゴーサインを出した。

2018年9月8日。いよいよ太平洋ごみベルトへと向かう船が、サンフランシスコを出発する日が来た。船には、エンジニアや研究者など総勢30人が乗り込んでいる。曳航するのは、システム001と呼ばれる装置。直径1メートル20センチ、長さ12メートルの巨大なパイプを50本ほどつなげたもので、全長は600メートルにもなる。このパイプが浮きの役割を果たしながらU字形になることで、漂流する海洋プラスチックごみを受け止める作戦だ。

このシステムが工夫されているのは、プラスチックごみは受け止めるが、魚は逃がせるようになっている点だ。システムにはソーラーパネルやセンサーが取り付けられ、衛星通信でオランダの本部ともつながっている。ごみが十分に集まったら、回収船を派遣し、陸地に持ち帰るという計画だ。

ボイヤンは世界のメディアとともに小さな船に乗り込み、ゴールデンゲートブリッジまで見送ることにした。

「今日、世界初のオーシャン・クリーンアップシステムが、サンフランシスコ湾から太平洋ごみベルトに向かって出発します。何年もの間、僕らのシステムがゴールデンゲートブリッジをくぐるイメージを夢見ていました。ですから、本当にワクワクしています！　プラスチックを積んだ最初の船が港に戻ってくるのが楽しみです。人間が長い間、海に投げ捨ててきたプラスチックを、人間のテクノロジーで取り戻すんです」

サンフランシスコの港には、ボイヤンたちの船出を祝って、水を噴き上げる消防艇も登場、9月の澄み渡った青空に白い水しぶきを描いている。やがて曳航船は、巨大なブリッジをゆっくりとくぐり抜け、陸地に別れを告げるように高らかに何度も汽笛を鳴らした。

「グッドラック！　幸運を祈る!!」

ボイヤンは、2013年以来の様々な苦難に思いを馳せながら、旅立っていくシステム001にいつまでも手を振り続けていた。

サンフランシスコからはるか2000キロメートル。まさに見渡す限りの大海原だ。北緯33度、西経142度。出航してから38日目の10月16日、システム001はついに、めざす太平洋ごみベルトの実験区域に到着した。再び現場に立った海洋生物学者のフランチェスコも、さすがに満面の笑み。興奮冷めやらぬ表情で仲間と抱き合っている。

翌日から早速、パイプをU字形に整える作業が始まった。海面にはプラスチックが点々と浮いている。例によって、近づかなければよく見えないようなプラスチックスープの海だ。こんな状況がフランス3つ分、日本の国土の4倍の面積にわたって広がっているのだ。

いよいよ、システム001が初めて稼働した。

すると、ボイヤンたちの予測した通り、システムは、海を漂っていたプラスチックを着実に捕まえ始めた。ロッテルダムの本部でも、多くの仲間たちが、現地から送られてくるモニター映像を一斉に覗き込んだ。ボイヤンの顔からも笑みがこぼれている。

「回収が始まった日は、素晴らしい日でした。プラスチックがシステムに初めて入ったのを見た時は興奮しました」

ごみ回収システムが大ピンチ！

だがその数日後、異変が起きた。いったんは捕まえたはずのプラスチックごみが、奇妙なことにシステムの中から姿を消してしまったのだ。

いったい何が起こったのか。エンジニアも頭を抱える。

「プラスチックは設計通りシステムの中心に集まりました。でも外側の二つのエリアにも溜まっていました。やがてプラスチックは動きだし、しばらくすると外に出ていってしまったのです」

ボイヤンたちは、GPSを取り付けたドリフターという、ごみに見立てた装置を海に浮かべ、プラスチックの動きを調べてみることにした。

「システムのスピードとドリフターのスピードの関係を見るとどうですか？」

「いま結果を精査しています。気象条件によっても違いますから」

原因は何なのか。事前のシミュレーションでは、これほどまでに複雑な自然の海流の動きは予測できていなかったとボイヤンは言う。

「システムがどう動くかは、大変複雑な問題です。なぜプラスチックが流出してしまったのか、現場の環境は、潮の流れや、風、高い波、低い波、あらゆるものが複雑に影響し合っています。

プラスチックの動き方そのものも複雑です。太平洋という大きな海原での海流の影響だけでなく、この場所特有の動きも解明しなければなりません。局所的な風や波や潮流といったものの影響です。この混乱状態を精査して、正しい方向に修正していきます」

ところが突然、想定外の事件が起きた。

「システムが壊れた！」

12月29日、太平洋の大自然はまたもや、ボイヤンたちに牙をむいた。システムが端から18メートルのところでパックリと割れてしまったのだ。チームに衝撃が走った。分断された部分を急いで確保したが、太平洋でのプラスチックごみ回収作業は中断することとなった。

ボイヤンは自然の力の凄まじさを思い知らされたという。

「ご覧の通り、あれほど太くて厚いパイプですから、壊れるなんて想像できませんでした。私たちの計算では、壊れるはずはなかった。でも、壊れた。原因を解明すれば解決できます。でも、海の力を思い知らされました」

大きな壁にぶつかったオーシャン・クリーンアップ。だが、チームは決して諦めなかった。

２０１９年1月、オーシャン・クリーンアップでは、壊れたシステム００１を修理するため、一番近い港のあるハワイまで運んだ。ロープでシステムを固定し、調査を行なう。その結果、壊れた部分以外のパイプに損傷は見られず、センサーや通信機器にも問題はなかった。改良を加える予定の次のシステムに再利用できるという。

「この失敗の原因を突き止めて、再設計し、修理し、再配備の計画を考えていきます」

エンジニアたちは、負荷が集中する場所で、疲労による亀裂が起きたと考え、断面の詳細な分析を続けた。

オーシャン・クリーンアップのオペレーション責任者、ロニカ・ホリエフックはこう力強く語る。

「私たちの仲間はどんな問題にも解決策があると信じています。海がきれいになるまで諦めません。使命感もあるけれど、希望を持ってやっているのよ」

そして、夢を追い続けてきたボイヤンもくじけることなく、決意を新たにしていた。

「成功とは、基本的に何百回もの失敗の積み重ねです。だからこそ、ここにたどりつくまでに6年という長い時間がかかりました。いま、システムを実現したからこそ、さらなる課題に直面しています。でも、これまでも一つ一つ解決してきたように、今回の問題も数か月で解決できると信じています」

率直に言って、システムの破断という大事件による中断を知らされた時には、私たち取材班もいささか肩を落とした。

そもそも、海流という大自然を相手にした人為的なプラスチックごみの回収というのは、本当に可能なのか。オーシャン・クリーンアップを批判する人の中には、回収コストやエネルギーを考えれば現実的ではない、という意見も少なくない。パイプがプラスチック製だと皮肉る人や、システムが壊れた場合の被害や自らが汚染源となる可能性を指摘したり、そもそも安易に回収できるとなれば、プラスチックを減量化する動きが減速するのではないかと危惧する人までいる。

だが、プラスチックとの闘いは総力戦だ。どれか一つの方法だけで問題が解決するほど甘いものではない。あらゆる手段を使って、一刻も早く海からプラスチックごみをなくしたい、というボイヤンの野望は〝本気〟なのだ。

ボイヤン自身もこう語っている。

「私たちの最終目標は、世界中の海でプラスチックごみの量を90％減らすことです。2040年より前に、できればもっと早く実現できることを願っています。もちろん一番大事なのは、私たちがこれ以上プラスチックを海に入れさせないことです。将来は、プラスチックがこれ以上、海に入るのを防ぐ技術も開発できると思っています」

ついに、太平洋のプラごみを捕らえた！

放送から2か月がたった2019年6月、オーシャン・クリーンアップのチームが、改良型の「システム001-B」を曳航して、カナダのバンクーバーから再び太平洋沖に向かったという連絡が入った。太平洋ごみベルトの海域に到着した彼らは、夏の間、現地での試験的なプラスチックごみの回収を連日のように行なった。

そして10月、ビッグニュースが飛び込んできた。ついに、改良型のシステム001-Bが、世界で初めてプラスチックごみの安定的な大量回収に成功したというのだ。

オーシャン・クリーンアップでは、前回の失敗を教訓に設計を変更、「パラシュートアンカー」という仕組みを追加した。これによって海洋でのシステムの動きがやや遅くなり、動きの速いプラスチックの破片が逃げ出さずにシステムの中に浮かんでいられるようになったという。

今回は、様々なプラスチックの破片や、非常に大きなゴーストネットと呼ばれる漁網を回収することに加えて、1ミリメートルという大きさのマイクロプラスチックを捕らえることにも成功した。

ボイヤンは、今回の成功でプロジェクトを継続するための大きな自信を得たと語る。

「システムが壊れてしまい動かなくなった時は、正直、何度も諦めようかと思いました。でも、僕らは決して諦めませんでした。どうして諦めなかったのか——それは、チームみんなが本気で共有しているモチベーションがあるからです。それは、僕らは海をきれいにしたいんだ、という強い思いです。みんな海が大好きですし、スキューバダイビングをする人や船乗りもいます。シーフードが大好きな人もね。でも、海がプラスチックでいっぱいだと、みんな海を楽しめない。忍耐強さのいる大変な挑戦だけれど、なんとしても解決したい。その一心で乗り越えたんです」

今後、この成果を受けて、収集されたプラスチックをより長期間にわたって受け止め保持できる耐久性を持つ、本格的なクリーンアップシステムとなる「システム002」の設計を開始するという。

私たちも、この太平洋での成功のニュースを心から喜んだ。そんな時、一通の招待状が、番組取材班に届いた。

「2019年10月26日に、ロッテルダム港の特設会場で公式記者会見を開きますので、ぜひお越しください」

ちょうど気候変動関連の番組でパリに出張する時期だった私は、今後の取材の打ち合わせを兼ねて現地へ赴くことにした。会見の中身については特に何も書いていなかったが、今回の成功の秘訣を聞いてみたいと思ったのだ。

パリ北駅から、最高時速300キロメートルにもなるヨーロッパの高速列車タリスに乗り込む。ベルギーのブリュッセルを過ぎてオランダに入ると、縦横に張り巡らされた運河や湖水、そしてどこまでも平たい大地が続く独特の風景が広がる。国土の4分の1が海抜ゼロメートル以下にあるオランダ。国名のネーデルランドは〝低い土地〟という意味だそうだ。

「世界は神が創り、オランダはオランダ人が造った」

よく知られているこの言葉は、水との長い闘いの歴史と、世界一の治水技術への強い誇りを感じさせる。

約2時間半で、ロッテルダム中央駅に到着した。19世紀に建てられたパリの北駅と違って、広々とした駅は超近代的。巨大な三角形の屋根が空へと延びる駅の形は、まるで宇宙船のようだ。街を歩いてみると、こうしたユニークな近代建築が、至るところに見受けられる。聞けば、ロッテルダムは第二次世界大戦のナチスによる爆撃で徹底的に破壊され、そこから復興を遂げる際、世界に誇れるような新しい建築を生み出そうと市民が協力して街づくりを進め、その精神がいまも息づいているのだという。

ロッテルダムは、ライン川とその2本の支流が北海に注ぐデルタ地帯にある。世界最大の港として知られるロッテルダム港の海運や、港との近さを生かした重化学工業などが盛んで、オランダの産業を支えている街だ。ウォーターバスが行き交い、カモメがさりげなく羽を休めている風景は、人々の暮らしと水との距離の近さを感じさせる。

かつて17世紀から18世紀にかけての大航海時代、東インド会社をつくって、このロッテルダムの港から世界の海に乗り出していったオランダ人の類まれな開拓精神。そして第二次大戦後、ゼロから街をつくり上げ、斬新なテクノロジーで未来を先取りしてきたロッテルダム……。この街の空気を吸って初めて、オーシャン・クリーンアップという現代のチャレンジャーがここに本拠を置いていることは、この街が歩んできた歴史と無縁ではないのだと強く感じた。

記者会見の特設会場は、ロッテルダム港の一角にある。巨大な海運倉庫に簡易的な観客席が組まれ、まわりには、オーシャン・クリーンアップの歴史を物語る太平洋のプラスチックごみも展示されている。破断してしまったシステム001のパイプの実物や、今回の回収成功のカギとなったパラシュートアンカーも展示されている。

だが、今宵の主役は〝太平洋での成功〟ではなかった。ボイヤン登場のカウントダウンが始まった午後8時。私は、驚きに満ちた発表を知らされることになった。それは、オーシャン・クリーンアップの全く新しい挑戦の始まりだったのだ。

この日ボイヤンは、いつものトレーナーにちょっとボサボサの頭ではなく、黒のジャケット姿で颯爽と現れ、大勢の聴衆を前にこう高らかに宣言した。

「オーシャン・クリーンアップは、世界の河川からプラスチックごみが海へと流れ出ていくことを食い止めるため、河川でプラスチックごみを回収する新しいプロジェクトを始めました。2025年末を目標に、最も汚染がひどく、海洋に入るプラスチックごみの80％を占めている世界1000の河川で挑戦します！」

会場には、ヒューッという大歓声と割れるような拍手が鳴り響いた。

実は、ボイヤンたちは2015年から、太平洋プロジェクトと同時並行で、密かにこの研究を続けてきたのだという。そして、目隠し代わりになっていたスクリーンが上がると、私たちの前に、試行錯誤の末に出来上がった一隻の船が登場した。

「インターセプター（せき止める）」と名付けられたこの船は、ソーラーパネルを100％エネルギー源にして、川の流れを利用し、自動的に河川のプラスチックごみを吸い込んで仕分けしていく。船の長さは24メートル、高さは5メートル、幅8メートル。1日50トンのごみ回収が可能で、最適な条件のもとでは100トン処理できる可能性もあるそうだ。さほど大きい船ではないので、河川の他の船の運行や野外生物の往来を妨げず、ごみをどんどん取り除いていけるという。この夜もデモンストレーションが行なわれたが、黙々とプラスチックごみをのみ込んでいくその姿は、なんだか魔法を見ているよう。発明家のボイヤンとそのチームらしい夢のある船だ。

そしてスクリーンには、文字通りプラスチックごみに埋め尽くされた川面と、世界の1000の川が記された地図が映し出された。調査によると世界には10万もの川があるが、その1％の1000の川に特にプラスチックごみが集中し、世界の80％を占めているという。タイのメコン川やインドのガンジス川などアジアの川も多い。ボイヤンたちは、ここをターゲットにすることで、まるで汚染源に〝栓〟をするように、プラごみの海への流出を食い止める作戦に出たのだ。

感嘆したのは、すでにインドネシアのジャカルタと、マレーシアのクランで、この船が稼働して実績を上げているということ。インドネシア政府やマレーシア政府と協力し、大掛かりな戦略が練られ、この日も政府関係者が来賓としてこのお披露目会に来ていた。さらに、ベトナムやタイでも間もなく船が稼働する予定だという。

記者発表に参加していたマレーシア政府の関係者は、笑顔で語った。

「オーシャン・クリーンアップには感謝しているし、大いに期待しています。なんといっても、ほとんどエネルギーを使わず、自動でプラスチックごみを回収してくれるんですよ。我々としても一緒に導入計画を立て、もっとどんどん川をきれいにしていきます」

先ほどの汚染の元となる河川の地図を見ると、まさに私たちの暮らすアジアが真っ赤に染まり、最も大きな汚染源になっていることは一目瞭然だ。一人のオランダの若者の夢が、アジアの途上国の政府を動かし、具体的かつスピード感を持ってプラスチックごみの除去にともにチャレンジしている……ボイヤンが密かに温めてきた〝野望〟と類まれな実行力、本当に誇らしいと私は思った。

と同時に、正直こんな気持ちも頭をもたげてきた。

「もし、こうしたダイナミックなチャレンジが、アジアの先進国である日本の若者や企業、政府などからいち早く提案できていれば、日本という国はもっともっと真の環境先進国として胸を張れるのになあ……」

ボイヤンは、この日、私たちにいまの気持ちをこう話してくれた。

「いま、とても興奮しています。太平洋で成功することができて本当に嬉しい。しかも、今回、新しいテクノロジーを使ってインターセプターを開発でき、プラスチックが海に流れ込む前に食い止められるよ

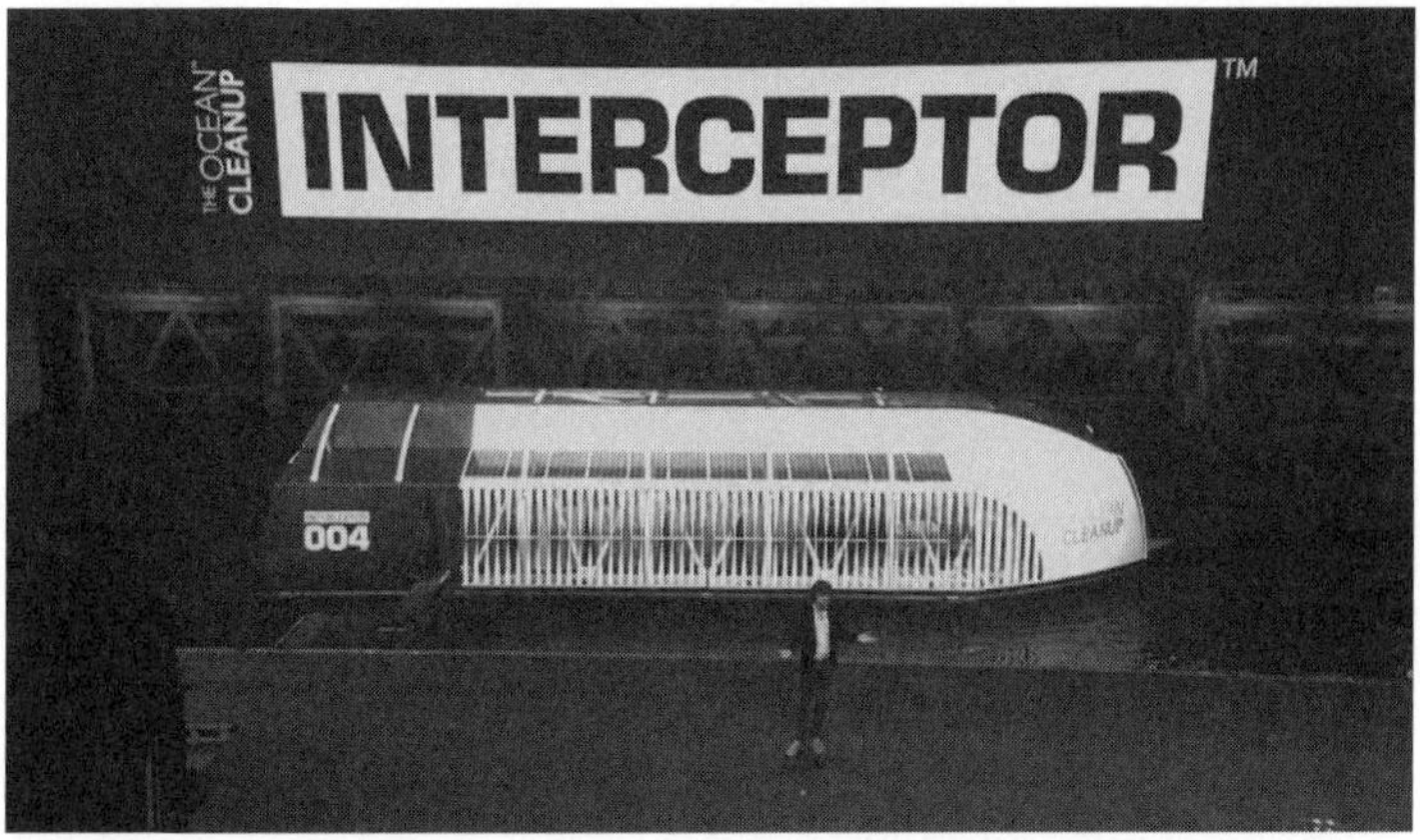

河川でプラスチックごみを回収するオーシャン・クリーンアップの船「インターセプター」。すでにインドネシアやマレーシアで稼働し、2025年末までに世界の1000の河川で回収をめざす

うになったこともとても嬉しいです。史上初めて、プラスチックごみ問題の最初から最後まで、実際に解決可能なテクノロジーを手にしたわけですから、我々のチームをとても誇らしく思います。今後は、この動きをスケールアップし、広げていくための一層の協力体制をつくり上げていくことが、チャレンジです。僕らは、日本の近海もクリーンアップしたいと思っています。ぜひサポートしてください！」

母なる地球を救うために、世界の海からプラスチックをなくしたい。強い決意で行動を始めた25歳のボイヤンたち。

ボイヤンが言うように、すでに漂流しているものの回収だけではなく、プラスチックそのものを元から減らしていかなければ、真の問題解決にはつながらない。

ここからは、世界の自治体やビジネス界が、どうやって〝脱プラスチック〟を実現しようとしているのか、その取り組みの最前線を見ていくことにしよう。

この章のポイント

◉世界のプラスチック生産量は、年間4億トン。そのうち、世界の海には毎年910万トンものプラスチックごみが流出。
（500ミリリットルのペットボトル5000億本に相当）

◉このまま増え続ければ、海洋のプラスチックごみは、2050年には魚の量を超える。

◉5ミリメートル以下のプラスチック、マイクロプラスチックの問題が深刻化。空気や水、プランクトン、小魚、鳥、そして人間の体内からも検出されている。

◉マイクロプラスチックの人体への影響は未知数。だが今後、プラスチックの量が増えると、食物連鎖によって有害物質が濃縮され、影響が出る懸念がある。

◉石油使用量の約8%は、プラスチックの原料を作るために使われ、さらに海洋プラスチックごみからはメタンガスなど温室効果ガスが出ている。

◉世界各地の海や河川でプラごみの回収への試みが始まっている。

第2章

一歩先を行く世界の取り組み

プラスチック大国アメリカも動く

150年前、世界で初めて人工の合成樹脂を誕生させ、工業的にプラスチックを生産したアメリカ。1人あたりのプラスチックの廃棄量は世界一だ。プラスチックとともに繁栄してきたこの国にも、いま〝脱プラスチック〟のうねりが押し寄せている。

2019年1月、新年の挨拶として、ニューヨークのビル・デブラシオ市長は高らかに宣言した。

「ニューヨーク市は、今日から発泡プラスチックを禁止します。発泡プラスチックにNO。地球と子どもたちにとってよりよい環境になることにYESです」

デブラシオ市長は誇らしげで、ちょっとドヤ顔。そして、まわりからは盛大な拍手が聞こえる。だが、その実行は決して簡単なものではない。

今回、全面的に禁止したのは、使い捨ての発泡プラスチック容器の使用だ。現地では商標登録もされているスタイロフォームと呼ばれる白い容器、日本では発泡スチロールという言い方をされることが多く、納豆のパックをはじめ、様々な商品に使われているおなじみの容器だ。

世界経済の中心地、そして世界のエンターテインメントの中心地でもあるニューヨークでは、各地からビジネスマンやアーティストが集い、レストランだけでなく、デリやキッチンカー、屋台などでお昼を済ませる人々もたくさんいる。発泡プラスチックは、こうした現場では欠かせない包装容器だったが、ついに禁止となった。市では半年間の猶予期間を定めたが、その後は、使用すれば1回目は250ドル、2回目は500ドル、3回目となると最大1000ドルもの罰金が課せられる。

現場では混乱も起きている。市の中心部でレストランを経営するジョン・ボボダキスさんにとっても、禁止は死活問題だ。物価の高いニューヨークで、安くておいしいものを提供したいというポリシーで頑張ってきたボボダキスさん。発泡プラスチックの容器の代わりに紙の容器を考えているが、コストは6割増えると嘆く。

「発泡プラスチックは、値段がとても安いんだ。他にいいところは、食べ物を入れてフタを閉じると、ずっと温かいままなんだよ。でも6か月以内に、別の素材に替えなきゃならない。うちは来月に替える。猶予期間ギリギリで切り替えに失敗したら、罰金が高いからね。今回はもう値上げしかない。さもないと店がつぶれるからね。でも、払うのはお客だ。君は払いたいかい?」

実は、2013年に禁止法案が可決された時、飲食店経営者の団体やプラスチック容器メーカーは、一斉に反対を表明した。中には、ニューヨーク市を相手取り、法律無効の訴訟を起こした業者もいる。

大手プラスチックメーカーが加盟する業界団体であるアメリカ化学工業協会は、今回のようにプラスチックの使用を禁止することは、行き過ぎだと繰り返し訴えている。協会では禁止の撤回を実現するため、発泡プラスチックの回収とリサイクルの実験を共同で行なうことを、ニューヨーク市に提案した。

彼らのプラスチックに対する見解を聞いてみよう。取材に応じてくれたのは、アメリカ化学工業協会のディレクター、キース・クリスマン氏。

「プラスチックは私たちの社会と経済に大きな役割を果たしています。例えば、軽い車を作ることで、エネルギー使用量と温室効果ガスの削減につながります。同様に建築でも、プラスチックの断熱材が役立っています。食品包装では、食べ物をより新鮮に保ち、食品廃棄物を減らすのに役立ちます。

もちろん私たちも、海のプラスチックごみについて、懸念しています。私たちは、2040年までに全米で、すべてのプラスチック包装のリサイクル・再使用・回収を行なう計画です。でも、プラスチックの禁止というのは、行き過ぎですよ」

こうした意見も受けて、ニューヨーク市は、発泡プラスチックのリサイクル実験を実際に行なった。だが、試行期間ののちに市が出した結論は「発泡プラスチックのリサイクルは経済的に成り立たない」というものだった。発泡プラスチックの場合、もともとの安い価格に比べてリサイクルにはコストがかかりすぎ、採算が全く合わないと市の担当者は語る。

「発泡プラスチックのリサイクルは無理でした。リサイクル素材の購入者を探しましたが、需要がないのです。他の素材は技術的にリサイクル可能ですし、引き取り先も見つかるのですが」

しかも、たとえ回収できたとしても、ニューヨーク市に現在、焼却場はなく、ごみとして埋め立てるしかない。だが、ニューヨーク市のごみ処理場は、すでに満杯だった。かつてスタテン島には巨大なフレッシュキルズ埋立処分場があったが、2001年には閉鎖。市は、環境への影響の観点から、今後も新たな埋立処分場や焼却炉を造らないと条例で定めていたのだ。

「ニューヨーク市には、もう埋立地がありません。ごみをオハイオやサウスカロライナ、ニューヨーク州の北部など遠いところに運ぶので高い輸送費と処分費用がかかります。発泡プラスチック容器の禁止は、変化の始まりにすぎません」

こうした事情もあって、ニューヨーク市は、最終的に発泡プラスチック容器の禁止に踏み切ることを決断した。市のプロモーションビデオには、笑顔で力強く訴えるごみ回収の清掃員たちの姿があった。

「2030年までに、ごみをゼロに！　ニューヨーク市清掃局は今後15年で、埋立地に行くごみをゼロにします。健康で安全でクリーンなニューヨークへ！」

ニューヨーク市がここまでプラスチック対策に力を入れるのには、理由がある。トランプ大統領のお膝元にもかかわらず、ニューヨーク市は気候変動対策に敏感で、2019年6月には気候非常事態宣言を行ない、気候危機に率先して対処していくことを表明する世界的な運動にも加わった。その背景には、2012年にニューヨークを襲った未曾有の大災害、ハリケーン・サンディによる高潮被害の影響もある。

科学者たちの分析では、ニューヨークは海抜が低い上に、海面上昇のスピードが他の地域よりも速く、地球温暖化に極めて脆弱な地域だ。ハリケーン・サンディの時には、満潮など悪い条件が重なり、最大4メートルの高潮によりウォール街も水没、8兆円もの経済被害が発生した。今後も地球温暖化の進行でグリーンランドや南極の氷床が溶け続けると、そのリスクはますます増加すると見られている。

さらにニューヨーク州では、2020年3月からレジ袋を禁止する法案を可決。もともとブルーステートと呼ばれリベラル派や民主党支持者が多いニューヨーク一帯では、プラスチックからの脱却を加速し気候変動を食い止めることは、理にかなっていると考えられているのだ。

さらに追い風となっているのが、ウォール街の投資家や銀行が大きく変わり始めたことだ。

いま金融の世界では、環境（Environment）や社会（Social）、統治（Governance）を考慮した投資に舵を切る「ESG投資」が主流となっている。世界のESG投資の額は、この6年で2000兆円も増加した。

プラスチックからのダイベストと新しい潮流

世界最大級の機関投資家の一つ、ノルウェー政府の年金基金は、温暖化の原因となる化石燃料からのダイベスト（投資撤退）だけでなく、プラスチックからのダイベストも視野に入れて、企業の選別を行なおうとしている。

ＥＳＧ投資に力を入れているこの年金基金では、２０１８年９月、企業に対し、プラスチックごみの汚染対策など海の環境保全への取り組みを強化することと、自社の活動など関連情報の開示を求める新たな方針を決めた。要求しているのは、海洋保全を企業の戦略の中にきちんと位置付け、海の環境悪化をリスクとみなすこと。サプライチェーン全体を通じて汚染低減に取り組むことも要請し、特にプラスチック関連企業にはリサイクル推進を求めた。また食品や飲料メーカーに対しては、使用済みプラスチック容器による影響をどう減らしていくのか、情報開示を促している。

マネーの流れに敏感なニューヨークが、プラスチック対策でも一歩先を行く取り組みを始めたのは、実は当たり前のことなのかもしれない。

アメリカ東海岸でいえば、マサチューセッツ州も負けていない。

雑誌『グローバルネット』の記事によると、ボストン郊外のコンコードという人口1万5000の小さな町で、歴史的に大きな一歩が刻まれたという。2013年1月から、使い捨てペットボトル飲料の販売を禁止する全米初の条例が施行されたのだ。市民グループ「コンコード・オン・タップ」のキャンペーンマネジャーのジル・アッペルさんによれば、発案したのは、ジーン・ヒルという一人の女性。太平洋ごみベルトにプラスチックごみが大量に漂流している事実を孫から聞いたことがきっかけだったという。

規制がかかったのは、1リットル以下の使い捨てペットボトルに入った、味のついていない水や炭酸飲料。一度にすべて禁止するのではなく、まずは少しでも減らせれば前進だという考え方で仲間を増やした。町では水道水マップを作って、水道水を飲める場所を増やしたり、再利用可能なボトルの販売プランを提示し、町の商工業関係者の理解も促したという。

カリフォルニアなど環境意識の高い西海岸でも、同様の動きが始まっている。「水Do!ネットワーク」の瀬口亮子さんによると、サンフランシスコ市では、2007年に公費でのペットボトル飲料の調達を廃止にした。2013年には、民間をはじめ新設のビルには誰でも利用できる給水設備の設置を義務付け。さらに、2014年の秋からは、市が所有する施設や敷地内でのペットボトル飲料水の販売を禁止する条例を採択し、施行した。

こうした素地がある中、2019年8月、サンフランシスコ国際空港では、ペットボトル入りの飲料水が販売禁止品目となった。CNNによれば、空港の利用者は、再利用可能な容器を自分で持ち込むか、空港が承認したガラスまたはアルミ製の容器に入った飲料水を購入する必要がある。清涼飲料水やアイスティー、コーヒー、ジュースなどは除外されているが、炭酸水も含む〝水〟については、空港内に100か所ほどある無料の水飲み場を利用してほしい、という強烈なメッセージだ。

プラスチックボトル1本が生物分解されるまでにかかる時間は、450年から1000年という推定もある。海洋プラスチックごみの問題がここまで深刻になる中で、公共スペースからのペットボトル追放の動きは、じわじわ拡大しようとしている。

ちなみにサンフランシスコ国際空港は、プラスチック製の使い捨て容器の規制も進めている。もちろんサンフランシスコでは、使い捨てレジ袋やプラ製のストローは禁止済み。スーパーでは紙製の食品容器や、量り売りのコーナーが目立ち、とにかくごみを減らそうという買い物スタイルが人気となっている。そういう市民の意識があるからこそ、空港も思い切った施策を打ち出せたのに違いない。それにしても、旅行者として空港を訪れる私たちは心構えをして出かけないと、彼我の差に驚くばかりで取り残されてしまいそうになるほどのスピード感だ。

さらに先を行くヨーロッパの対策

エコの本場ヨーロッパでも、プラスチック規制は加速している。

2019年3月、EUでは、2021年からストローや食器など使い捨てプラスチック製品の使用を禁止する法案を可決した。EUの担当者は「プラスチック規制のスピードが、さらに加速するのは確実です」と胸を張る。

中でもフランスは、世界に先駆け、プラスチック規制を強化してきた。

パリジャンの胃袋を支えるマルシェ。とれたての野菜や季節の果物、肉やハム、ソーセージ、そして魚やカキといった魚介類、さらには様々なチーズなど、目移りするほどおいしそうな食材が所狭しと並べられている。

2016年から、フランスでは小売業において、再利用できない使い捨てのレジ袋が禁止されている。認められているのは、再利用可能な分厚いプラスチックの袋だけ。ただし袋には、大きな文字で「自然の中に捨てるな。法律を守れ」と書かれていて、プレッシャーがかかることこの上ない。このため、マルシェでも大量に使われていたいわゆるレジ袋は影を潜め、紙袋やエコバッグ、カートでの買い物が当たり前の風景になっている。

私も取材でフランスを訪問した際、大手スーパーマーケットのモノプリやカルフールなどに日用品の買い物に行ったことがある。うっかり手ぶらで行った時は、一枚1・5ユーロか2ユーロ払ってエコバッグを手に入れない限り、商品を持ち帰れなかった。一部、バラ売りの野菜コーナーなどでは、じゃがいもで作られたという生分解性であることを明記した薄い袋が提供されているが、いわゆる持ち帰りのためのレジ袋が無償で手に入る時代は、とうの昔に終わっていた。

市民の意識も変わってきている。マルシェの買い物客に聞いてみると……。

「家から袋を持ってきて、再利用しているんです。果物や野菜はできるだけ紙袋を使うようにしています。それと小さい容器も持参して、パスタやチーズを買って中に入れています。以前から袋の再利用はしていましたが、法律で禁止されてから、容器は毎回持参しています」

「プラスチック袋に入れられたらいいけれど、それでは社会は変わりませんから。禁止は大変だけど対策は考えなきゃね」

最新の世論調査では、国民の88%が使い捨てプラスチックの規制に賛成している。

その範囲は、さらに拡大されることが決まっている。EUの規制に先駆け、2020年1月から、使い捨てプラスチック容器の一部の使用が禁止となるのだ。

飲食用の容器の専門問屋で、営業を担当するアンリ・ド・ボッソン部長に話を聞いた。棚いっぱいに並んだ様々な使い捨てプラスチック容器は、もうすぐ販売できなくなるという。

2020年から禁止されるのはコップ、皿、タンブラーの3品目。2021年には、さらに禁止の品目が増える予定だ。販売の主力だった製品が禁止になってしまい、業界には激震が走っている。この問屋には飲食店からの問い合わせも多く、急きょ、紙などプラスチック以外の様々な容器を揃えた。しかし、どの製品も価格ではプラスチックより割高になってしまう。対策としては、品質や機能性が高く、そして環境への貢献を意識させるデザイン性にも優れた製品を揃えることしかできない。なんとか顧客にアピールし、危機を乗り切ろうとしている。

「これはココナツの繊維を使った製品です。色や見た目で環境に配慮しているということが分かります。多くのお客様が、いままでとは違うこうした製品を試しに使ってくれています」

私たち日本人から見ると、2020年1月からの3品目の禁止だけでも相当な荒業に思える。しかし、フランス政府のプラスチック対策はそれにとどまらない。

2018年、フランス政府は、使い捨てのものだけでなく、2025年までにすべてのプラスチックをリサイクルするという野心的な目標を打ち出した。このままのペースでプラスチックごみが増え続ければ、海の生き物たちだけでなく地球温暖化にも深刻な影響が出るという強い危機感からだ。

フランスのブリュヌ・ポワルソン環境担当副大臣は、議会でこう宣言した。

「フランスはプラスチック汚染に宣戦布告します！　すべてのプラスチックが悪だと言ってい

るわけでは決してありません。しかし私たちは、プラスチックの総消費量を減らさなければなりません。そのためには、必要のないプラスチックの使用に対して闘わなければならないのです。特に、最近、プラスチックが自然に劣化していく際、二酸化炭素よりも危険な温室効果ガスを排出することも分かってきました。2025年までに100%再生プラスチックに変えていくというフランスの目標は、極めて野心的な目標です。でもそれは、環境保全の観点から必要な野心です。そして、この野心を実現するためには、徹底したリアリストになる必要があります。私たちの目標は、フランス全土でイノベーションを促進し、生産と消費のシステムを完全に変えることです」

「プラスチックバレー」の戸惑い

だが、あまりにも急速な転換に戸惑いを隠せない地域もある。フランス中部の山あいにある人口2万のオヨナ市。昔から櫛作りが盛んだったが、100年ほど前、材料をプラスチックに変えたのをきっかけに、様々なプラスチック関連の企業が集まるようになった。いまでは、600社、1万人以上が働くヨーロッパ最大のプラスチック産業の集積地に発展。シリコンバレーになぞらえて「プラスチックバレー」と呼ばれている。

長年、この町の行政トップを務めてきたミッシェル・ペロー市長も、急激な変化への対応を迫られている。

「フランス政府の動きは、あまりにも急ピッチです。でも我々プラスチックバレーも対策を急いでいます。政府が2020年に法律を施行するのを座して待っているわけにはいきません」

プラスチックバレーで創業60年になる容器メーカーを訪ねた。EU各地に拠点を持つ巨大プラスチックメーカーのグループ企業だ。ヨーロッパを代表する食品メーカー数社の使い捨て容器を製造している。パトリック・ベルナール部長は、急速に進む規制に対し、プラスチックという素材そのものが悪者にされかねないと懸念している。

「プラスチックそのものが汚染の原因ではありません。むしろ使用する人の行動が問題なんです。車の窓から袋を捨てたり、海にペットボトルを捨てたり。プラスチックは便利でリサイクルもでき、エネルギーの有効利用に役立つんですがね」

しかし、そうボヤきながら、新時代への対策も怠りない。この会社では、規制強化の動きに後戻りはないと冷静に分析、ある製品に社運を懸けている。

「禁止されるのは、使い捨てのものです。使い捨てのコップは厚みもなく、再利用しようとしても洗うと割れてしまいます。このコップはかなり厚い材質で、洗って再利用できるし、積み重ねることもできます」

数百回の使用に耐えられるというプラスチック製のこのコップ。値段は、使い捨てのコップの3倍ほどだ。主に、スポーツイベントやライブ会場で使われている。選手やキャラクターなどを印刷し、デザイン性も工夫、値段に見合う付加価値をつけている。（7ページ上参照）

生き残りに向けたさらなる戦略もあるという。この会社では、大きなイベントなどでこうしたコップを回収し、洗浄センターに運んで再度イベントに届ける事業を行なっている。製品を作って売るだけでなく、何度でも利用する仕組み作りや、アフターサービスまでも提供するサービス業へと生まれ変わることで、新しい時代にも持続可能なビジネスモデルに転換しようと模索しているのだ。この会社のグループでは、すでにこのコップの売り上げが、全体の4分の1を占めている。今後はさらに生産を増やしていく予定だ。

このプラスチックバレーの取り組みは、大きな示唆を与えてくれる。それは、どんなに一世を風靡したビジネスモデルであっても、時代の流れには抗えないということだ。よく引き合いに出されるのは、写真業界の対応事例だ。フィルムからデジタルカメラへと市場が大きく変わった時、写真用品の大手企業だったコダックは、最後までフィルムに固執するあまり、倒産する事態となった。いったん始まったデジタル化の流れは、一社だけではどうすることもできなかったのだ。

つまりペロー市長ではないが、座して死を待つよりは、自ら考えて打って出たほうが、生き残れる可能性が高いということ。その際には、例えば所有ではなくレンタルも視野に入れた〝シェアリングエコノミー〟や、オーガニックで地球環境や人権に配慮した素材を使った〝サステナブルエコノミー〟といった、従来にはなかった発想こそが求められているのだ。

そして企業には、高い感度のアンテナを張り巡らせて今後のビジネストレンドの行く末を見据え、スピーディーに決断する度量こそが必要とされているのかもしれない。

始まった循環経済 プラスチックを資源に

2019年1月、スイスで世界経済フォーラムの総会が開かれた。ダボス会議と呼ばれるこの会議には、世界のビジネスリーダーや政治家3000人以上が集結した。会議の共同議長に選ばれた若き日本人女性がいる。坂野晶さん30歳。徳島県上勝町が長年続けているプラスチックごみの削減など、町を挙げてのごみゼロ運動への取り組みが高く評価された。

上勝町は、徳島市内から車で1時間ほど、料亭などに出荷する「つまもの」と呼ばれる葉っぱビジネスでも知られる山あいの町だ。人口は約1600、高齢化率は50％という過疎の町だが、海洋プラスチック問題が表面化するずっと前から、ごみを資源にする運動を徹底してきた。

いまでは世界中から年間2000人を超える視察者が訪れる〝時代を先取りしている町〟として名高い。

上勝町は2003年に国内初の「ゼロ・ウェイスト宣言」を発表し、2020年までにごみをゼロにする目標を掲げた。分別項目は、日本最多の45項目で、リサイクル率は約80％を誇る。もちろん、プラスチックの分別もしっかり行なわれている。

もともと林業が盛んだった上勝町では野焼きでのごみ処理が主流だったが、それが禁止された時、すでに過疎化が深刻だった町には、新しい焼却炉を買う財政的な余裕がなかった。そこで、世界的な環境NGOの助言もあって、ごみを資源と捉え徹底的に分別してリサイクルし、ごみの量を減らすという方針に大きく舵を切ったのだ。

まず生ごみはそれぞれの家で堆肥化して量を減らす。さらに住民たちは分別したごみを、各自でごみステーションまで運び、常駐するスタッフが住民のごみ分別を手伝う。上勝町は、焼却や埋め立てをする代わりに資源化することで、ごみ処理費の60％削減を実現。住民自らの手による「ゼロ・ウェイスト＝ごみゼロ」への取り組みは世界的にも注目され、ついにダボス会議に招かれるまでになったのだ。

坂野さんが4代目の理事長を務めるゼロ・ウェイストアカデミーは、市民の立場からこの運動を推進するため、2005年に設立されたNPO法人。坂野さんが、いわば上勝町代表としてダボス会議で強調したのが、「サーキュラーエコノミー」つまり循環経済への転換だ。

「私たちには循環経済が必要です。問題は成し遂げるスピードです」


循環経済とは、いったいどのようなものなのだろうか。

これまでの経済は、資源を生産、消費し廃棄する、一方通行の「使い捨て経済」だった。これを、生産したものをリサイクルやリユースなど再資源化し、何度でも利用する循環型に変えるのが、循環経済だ。

国連が定めたSDGsにも、12番の「つくる責任、つかう責任」の中で循環型の経済をめざすターゲットが掲げられ、急速に注目が高まっている。

「2020年までに、合意された国際的な枠組に従い、製品ライフサイクルを通じて化学物質やすべての廃棄物の環境に配慮した管理を達成し、大気、水、土壌への排出を大幅に削減することにより、ヒトの健康や環境への悪影響を最小限に留める」

「2030年までに、予防、削減、リサイクル、および再利用（リユース）により廃棄物の排出量を大幅に削減する」

フランスがプラスチック規制を強めているのも、実はこうした循環経済への転換がビジネスチャンスだと考えているからだ。

誰が主導権を握るのか

2018年、フランス政府は、循環経済実現のための新たな行程表を発表した。「100%の循環経済をめざす50の対策」と題した行程表では、生産、消費、廃棄のそれぞれの分野、そして市民も含めたすべてのステークホルダーの動員という4つのカテゴリーに分けて、具体的な目標を定めた50の対策を示した。使い捨てプラスチック規制だけでなく、リサイクルに関する法制度をより循環経済を促す方向に変えることや、製品の再利用を促す仕組み作りが重要視されている。そのため、循環経済に有利になるような廃棄物規制の促進や、大量消費ばかりを促すような広告の規制、消費者が選びやすいエコ関連マークの整備なども掲げられている。さらには、金融や税制の改革とグリーンファイナンスへの支援、食品ロスの削減、農業分野での循環、携帯電話の回収、教育や啓蒙活動の強化など、その政策は実に多岐にわたる。

そして、こうしたフランスの取り組みをEUに広げていくこともしっかり記されている。いわばフランスは、循環経済への転換を図る取り組みで他の国よりも一歩先んじることで、巨大な市場の主導権を握ろうとしているのだ。

試算によるとプラスチック規制や廃棄物の管理などの対策によって、2030年までに資源の消費を30%削減。循環経済によるヨーロッパの経済利益は2030年までに1・8兆ユーロ

（約225兆円）に達する。これによって、毎年800万トンの二酸化炭素を削減でき、30万人の雇用を生み出すという。

パリ協定のお膝元でもあるフランスは、もともと気候変動対策に熱心で、2015年に「エネルギー転換法」を制定。この段階で、二酸化炭素の排出削減につながる様々な施策と合わせて、大胆なプラスチック規制にも取り組んできた。EUが推進する「サーキュラーエコノミー国家」のトップランナーとなるため、いち早く法律や条例によって環境整備を行ない、転換を促しているのだ。2018年に発表された新たな循環経済のための行程表は、それをより一層推し進めるためのロードマップというわけだ。

気候変動や脱炭素などの関係でヨーロッパを取材していて、いつも感じることは、やはり社会や経済は「法律によって動く」ということだ。

例えばイギリスは、すでに2008年に、その名も「気候変動法」を制定。各部門に、排出できる二酸化炭素の枠を割り当てている。この法律は政府や企業が長期的な投資を伴う温暖化対策を進めていく大きな根拠になっている。

EUの環境戦略にも歴史がある。2010年に、2020年に向けた環境経済戦略「Europe 2020」を発表。この時は、1990年比で温室効果ガスを20％以上削減し、最終エネルギー消費に占める再生可能エネルギーの割合を20％にし、エネルギー効率を20％引き上げるという、3つの20%目標が注目を浴びた。さらに2011年には、循環型リサイクル社会をめざすロードマップを発表。2015年には「EU循環型経済パッケージ」を打ち出し、優先分野としてプラスチック対策にも乗り出した。

そして2018年に、2030年までにEU市場におけるすべてのプラスチック容器包装をリサイクル可能なものとし、使い捨てプラスチック製品を削減、海洋汚染対策としてのマイクロプラスチックの使用規制といった内容を含む「EUプラスチック戦略」を発表して規制を強化しているのだ。

実は、日本でもすでに2000年に「循環型社会形成推進基本法」が定められているのだが、なぜだか残念ながら、国民の間に〝循環型社会〟だの〝循環経済〟という言葉が広まった記憶はほとんどない。もちろん、個別にも様々な法律がちゃんとあって、業界の人たちの間ではしっかり受け止められているのだが、要は「2020年までに3つの20%目標!」といった国民にアピールする力強さに欠けていたのだろうか。

あるいは、ルールを根本から変えるような「ハチの一刺し」的なものが足りていないのか。

日本は新規ビジネス市場で生き残れるか

プラスチック問題ではないが、私が、「ああ、こういった法律や条文が日本にもあれば物事が画期的に動くのになあ」と感じる〝一刺し〟がある。例えば、再生可能エネルギーの分野では、EUでいえば「送電網には再生可能エネルギーを優先的に接続する」という実に分かりやすい一行が、まさに水戸の紋所になっている。この〝コア〟さえ決まってしまえば、あとの細かいルールは、マーケットの力で変わっていくのだ。

残念ながら日本では、その逆のルール、つまり既存の電源から順に送電網につなぐルールがあるため、一向にダイナミックな変革が始まらない。電気自動車のルールも然りだ。EUでは、電気自動車の蓄電能力を送電網に生かすために、「新しい電気自動車は、必ずグリッド（送電網）につなげられるようにしなければならない」という条項が定められている。見過ごしてしまいそうだが、この規定があるのとないのとでは相当違う。その後のイノベーションの起き方や企業の研究開発の方向性が大きく変わってくるのだ。

今回の脱プラスチックをめぐる動きも、これはある意味、今後の巨大な新規ビジネス市場におけるグローバルルール・メイキングの闘いであるともいえる。〝先手必勝〟であるには理由があるのだ。

特にルールづくりが大好きなEUでは、いま、タクソノミーと呼ばれる事細かな分類を行ない、「これはグリーンで環境に優しい、これはブラウンで環境に悪い」という線引きを、自分たち主導で決め始めている。例えば、2019年6月に発表されたEUサステナブルファイナンスのタクソノミーでは、原子力発電、ガス火力発電、炭素回収・貯蔵（CCS）技術を備えた石炭火力発電のいずれも、グリーンではないとして除外されている。もちろんタクソノミーというのは、あくまで判断のための〝目印〟にすぎず、現状では強制力を持つものではないわけだが、これに対し日本の経団連などは大反対をしている。だが、だからといってグローバルなバリューチェーン（価値連鎖といわれるすべての企業活動）、サプライチェーンにおいて、こうしたトレンドを完全に無視したビジネスができるはずもない。最後は先んじたもの、巨大な市場を制したものが勝つ可能性が高く、ガラパゴス化しかねない少数派にとって生き残りの道は険しい。

もう一つ、ルール・メイキングや野心的な目標が持つ意味を考えてみよう。それは、スタートアップやベンチャー企業がどんどん新規に参入し、ダイナミックなイノベーションが起きる可能性が高まることだ。優秀な頭脳を持った若者たちは〝地球にやさしい〟だけでなく、〝お金が動く匂いがプンプンする〟ところに引き寄せられていく。その意味でも、政策による主導と、法律などのルール・メイキングの役割は極めて重要で、企業を大きく突き動かすパワーになっているのだ。

循環経済とスタートアップ

番組ディレクター　橋本直樹

２０１９年２月、私は、パリ市の北の外れ（18区）に位置するVille Durable（持続可能な都市）という名の創業支援施設を訪れた。ひっきりなしに若者たちが出入りするロビーには、スタートアップ企業の創業者たちの自信と野心に満ちた表情の写真が飾られていた。この施設は、パリ市と大手民間企業の出資で運営されているParis & Co（パリ市経済開発公社）が管理している。循環経済部門を統括するステファニー・モリセさんは、ここには、大手企業が抱える具体的な問題や課題に対して解決策を提案できる企業を公募・審査の上、入居させていると語る。

「私たちの狙いは、スタートアップ企業19社とともにイノベーションを起こし、循環経済への移行を加速させることです」

まず訪ねたのは、食品廃棄物をエネルギーと肥料に変える技術を開発中のＴＲＹＯＮ社。同様の技術は他にもあるが、大きなプラントを郊外に造る必要があり、廃棄物の回収にコストがかかっていた。そこでこの会社では、小型のプラントを開発し、それぞれの地区に設置することで、その町の食品廃棄物をその町で使うエネルギーに変える〝地産地消〟を目標としている。

次に訪れたのは、2人の社員しかいない、がらんとした部屋だった。ひっきりなしにかかってくる電話の応対に忙しい合間を縫って話を聞くと、景気のいい答えが返ってきた。

「創業から1年もたたないうちに800以上の顧客を獲得できました。このスケジュール表を見てください。1か月先まで埋まっているでしょう」

このLES RIPEURS社が扱っているのは、これまで見過ごされてきた建築廃棄物のリサイクル。建築廃棄物はフランスの廃棄物の4分の3を占めているが、そのうちの4割がリサイクルされずに埋め立てられているという。リサイクルが進まない理由の一つが、手続きの煩雑さだった。この会社では、アプリを使い、その場で見積りを提示、最短3時間で回収し、リサイクルを行なうというサービスを展開している。建築廃棄物処理の市場規模は、年間12億ユーロ（約1500億円）に及ぶと見られ、ごみが金のなる木に化けようとしている。

この施設を卒業して、大きく羽ばたこうとしている会社もある。2017年創業の「plast'if」社だ。社名には、「もし（if）、プラスチック（plastic）ごみに価値が見いだせたら、みんなリサイクルをするようになるだろう」という思いが込められている。25歳のカサンドラ・ドラージュ社長がデモンストレーションしてくれたのは、まるでドラえもんの秘密道具のようなプラスチック・リサイクルマシンだ。冷蔵庫ほどの大きさの機械の投入口にペットボトルを入れる。すると液晶ディスプレイに「ペットボトルを認識」と表示され、その後、リサイクル可能な品物のリストが現れた。ペン立てやセロハンテープのケースなど10種類。何を選んだのか尋ねると……。

「できてからのお楽しみ。ちょっと時間がかかるけど」といたずらっぽい笑みを浮かべた。

間もなく、投入されたペットボトルが破砕される大きな音が鳴り響き、上部に取り付けられた3Dプリンターから、溶けて糸状になったプラスチックが出力され始めた。

「色・形・厚みや湿度、汚れの度合などを瞬時に分析して適切なリサイクルが可能です。ペットボトルの原料のポリエチレンテレフタレート（PET）、熱に強く食品の保存容器としてよく使われるポリプロピレンなど4種類のプラスチックに対応しています」

一口にプラスチックといっても、種類によって性質も、溶ける温度も異なるので、リサイクル方法が違う。そのためリサイクル工場では、異なる種類を処理する際には事前に選別作業が不可欠で、コスト面で大きな課題があった。このマシンでは、マイクロソフトと共同で開発したAI（人工知能）による識別技術により、コップや食品トレイ、ヨーグルトの容器など10タイプの製品を瞬時に認識、原料がどの種類のプラスチックかを判断し、それに応じたリサイクル処理を自動で行なうことができるという。

出力開始から1時間後、ドラージュさんがマシンから取り出してきたのは、青色で編み目状の複雑な構造をした置き物。一見して何に使うか分からないので、戸惑っていると……。

「この小さな穴から水を入れて、花を挿します。一輪差しです。自由に色も付けられるし、繊細で複雑なデザインでも出力できることを見てほしかったんです」(7ページ下参照)

今後、この会社では企業ごとに異なる商品カタログを作り、マシンを貸し出すビジネスを展開する予定だという。

自分より年上の化学者、エンジニア、デザイナーなど社員4人をまとめ上げているドラージュさんだが、大学で学んだのは経営学で、プラスチックの専門知識は全くなかったそうだ。それでも起業に踏み切ったのは、循環経済政策への追い風だという。

「この市場についてたくさんリサーチしました。重要なのは、フランス政府やEUが進めている法律です。政府がプラスチックごみに価値を見いだしたいと思っているなら、リサイクルがどんどん進むと考えました。だから、この会社を作ったんです」

様々な「技術開発」が進む一方、「仕組み」を変えることで、循環を加速させようというスタートアップもある。

リヨン市にある、雑貨と洋服を販売する小さなセレクトショップ。鮮やかなオレンジ色の大きなビニール袋を抱えてやってきた女性は、店に入ると商品には目もくれずレジに向かった。すぐに店員が、袋に印刷されているQRコードを読み取る。

「125ポイント獲得ですね。うちの店の商品を1割引きで購入できますし、ポイントに応じていろいろな商品に交換することもできますよ」

交換サイトを見ると125ポイントで、スーパーで野菜・果物15％割引、レストランでサラダ一品無料、古本屋で5ユーロ割引などのアイテムが並ぶ。店側にとって、これだけの特典を払ってでも集める価値があるのが、ビニール袋いっぱいに詰まった約40本のペットボトルごみだ。店には同じように使用済みペットボトルで膨らんだ袋が数十個も保管されていた。近所の住民60人が持ち込んできたもので、10日に一度まとめて回収され、リサイクル業者に渡るという。

この仕組みを作ったのは、2016年にこのプラスチック回収システム会社「YOYO」を創業したエリック・ブラック・ド・ラ・ペリエール社長だ。

「おもちゃのヨーヨーが、手を離れても再び手に戻ってくるように、『自分が使ったプラスチックを自分で回収することで、再び資源として戻ってくる』というコンセプトから、YOYOという社名にしました」

ペリエールさんは、フランスの容器廃棄物リサイクルを統括する組織でCEOを務めていたが、リサイクル率がなかなか上昇せず、仕組みに限界を感じていたことが、創業のきっかけだったという。

「プラスチックの消費が一番多いのは大都市ですが、その大都市でのリサイクル率が一番低いんです。例えば、パリでのリサイクル率はわずか1割にすぎません」

リサイクル率が高まらない理由は、市民のごみの分別意識の低さにあるという。プラスチックが「リサイクルできないごみ」として捨てられることも多い。また「リサイクルするごみ」が日本のように細かく分別されず、同じ回収ボックスに捨てられることもある。このため、一度、素材ごとにごみを仕分ける施設を経てリサイクル施設に運ばれ、コストが割高になっていた。

そこでペリエールさんが考えたのは、ごみを出す「市民」の分別意識を高め、リサイクルに巻き込む仕組みを作ることだった。

そのために、まずそれぞれの町に「コーチ」と呼ばれる教育係を育成、ペットボトル回収の拠点作りを行なった。コーチに必要なのは、スマホと、回収されたペットボトルを保管できるスペースだけ。あとは簡単な研修を受ければ誰でもなれる。仕事は、YOYOの参加希望者にペットボトルの分別の仕方を教え、回収袋を配布、回収した袋を保管するというシンプルなもの。一方、参加者もスマホのアプリで登録、自分の家のごみからペットボトルを分別し、袋がいっぱいになったらコーチのいる場所に持ち込めば、125ポイントを獲得できる。コーチも集まった袋ごとに25ポイントを獲得できる。

「スマホで、自分の出したペットボトルがどのようにリサイクルされたかを追跡できるので、自分がリサイクルに参加しているという実感が湧きます。ポイントで映画やコンサートに行けるという特典も、継続できる大きな動機です」

前述のリヨンの参加者の女性は、システムにとても満足し、多くの友人を勧誘したという。こうした口コミによってコーチと参加者の数は自然と増加。これまでに、パリやリヨン、マルセイユなど6都市で約1万5000人が参加し、450万本のペットボトルを回収する成果を上げた。2020年には50都市で3〜4倍の量に増やすことを計画している。このようにして集められたペットボトルは仕分けが不要で、そのままリサイクル業者に売却できる。低コストで大量に回収することで、ペットボトルをごみではなく「資源化」することに成功したのだ。

「我々の仕組みは『人間の行動』が基本なので、ほとんどお金はかかりませんし、どこでも、誰にでもできて、素早く大きく展開することが可能なのです」

〝仕組みそのものを作ること〟……ペリエールさんが自分のビジネスを分析して語った言葉に、循環経済を成功させるヒントを感じた。

巨大企業も脱プラに動きだした

〝脱プラスチック〟への潮流はもはやとどまることがない。スタートアップの勢いが加速する一方、巨大企業たちも思い切った資金をこの分野に投入している。

2019年1月、プラスチック製造に関わる化学メーカーや、プラスチックを大量に使っている消費財メーカーが中心となって「廃棄プラスチックを無くす国際アライアンス（Alliance to End Plastic Waste）」が設立された。新たな国際NPOとなったこのアライアンスには、現在、消費財大手のプロクター・アンド・ギャンブル（P&G）、化学メーカー大手のBASFや、石油メジャー系列のシェル・ケミカルズなど30を超える企業が参加している。いずれもプラスチックの製造、加工、利用、回収・リサイクルに至るすべてのバリューチェーンに関わる世界的な企業で、日本の三菱ケミカル、住友化学、三井化学も設立メンバーとして加わっている。今後5年間で計15億ドル、1600億円以上を投じて廃棄プラスチックを減らし、循環型社会の実現に向けて支援を続けていくという。

設立をリードしたP&GのCEOはこう語る。

「海や自然界に廃棄プラスチックはもともと存在しません。そして廃棄プラスチック問題は、強いリーダーシップのもと、迅速な対応を要する複雑で深刻な世界が抱える課題です。新たに発足した〝廃棄プラスチックを無くす国際アライアンス〟は、包括的な取り組みであり、すべての企業の皆様に参加いただけることを願っています」

大手化学メーカー、ライオンデルバセルのCEOも誇らしげだ。

「プラスチックごみをなくす、なんて素晴らしい世界でしょう。我々産業界が一体となって実現します」

具体的には「持続可能な開発のための世界経済人会議（WBCSD）」とも連携し、4つの柱で活動するという。第一には、廃プラスチックの回収や再利用を促進する環境や体制の整備。第二は技術革新。プラスチックのリサイクルや再資源化を容易にし、使用済みプラスチックから価値を生み出す新技術の開発をめざす。第三は、教育と対話の実施などの啓蒙活動。そして、第四はまさに回収。河川など廃プラスチックが蓄積し、海に流出する場所のクリーンアップを行なう予定だ。インド・ガンジス川の清掃などがすでに候補に挙げられている。

なにしろ、プラスチック業界の本丸がこれほどの目標を掲げるのだから、いかに〝脱プラスチック〟が待ったなしなのか、彼らの危機感も伝わってくる。逆にいえば、この期に及んで反対ばかりしていると、まるで地球環境を破壊する〝悪者〟呼ばわりされかねず、プラスチック産業自体が立ち行かないという相当深刻な状況だということも読み取れる。

ピンチをチャンスに変える企業の戦略

このアライアンスのエグゼクティブコミッティーのメンバーでもある三菱ケミカルホールディングスの越智仁代表執行役社長は「廃プラスチックは人類共通の課題であり、化学企業として看過できない状況にある」と語る。そして、参加を自らの責任として捉えるだけでは決してなく、むしろ循環経済に向けての重要なイノベーションの機会であり、チャンスだと考えているのだという。

ここがポイントである。日刊工業新聞では、日本企業のアライアンス参加の背景には、こうした動きに乗り遅れると欧米の大企業に脱プラスチックビジネスの主導権を奪われかねないという事情もあると分析している。欧米中心に盛り上がるプラスチック廃棄物問題に対して日本が足並みを揃えることで、

「廃棄プラスチックを無くす国際アライアンス」設立の日本での記者会見。左から岩田圭一・住友化学代表取締役社長、越智仁・三菱ケミカルホールディングス代表執行役社長、ヴァージニー・ヘリアスＰ＆Ｇチーフ・サステナビリティ・オフィサー、淡輪敏・三井化学代表取締役社長

日本を含むアジアの主張を明確にして欧米主導に〝待った〟をかけようとしているというのだ。そして、日本が持つ知見を発信しながら、世界規模の社会課題の解決に貢献していく姿を強くアピールすることが〝先手必勝〟になるという。

実は三菱ケミカルは、ストローや容器に使われる生分解性プラスチックの重要な物質特許を持っている。連携しながら市場を拡大していければ、日本の化学メーカーにとっても大きな商機となる可能性がある。確かに生分解性プラスチックは、回収方法の問題も含めてまだ明確な業界ルールが確定していない新規分野だ。脱プラスチックという世界トレンドの最新情報を得ながら、グローバルルール・メイキングに関わっていくという一つのチャレンジに違いない。

巨大企業といえば、世界最大の飲料メーカー、コカ・コーラにとっても、脱プラスチックは生き残りのために必須の戦略となっている。

もし海洋プラスチック問題など地球環境の保護に後ろ向きだ、というレッテルを貼られてしまえば、いまや企業イメージに大きな影響を与えかねない時代だ。国際環境NGOのグリーンピースをはじめ1300の団体が参加する「ブレイクフリープラスチック」は、世界6大陸で実施したプラスチックごみの清掃活動で、企業のブランド別にごみを仕分け、2018年からその結果を発表している。

50か国で調査した2019年の最新データでは、最も多く発見された〝世界ワースト1位〟の企業は、コカ・コーラ。2位がネスレ、3位がペプシコだった。ちなみにワースト10には、先ほど素晴らしい活動を宣言したユニリーバやP&Gなどの消費財メーカーを含め、私たちになじみ深い企業の名前もある。

こうした監視の中、アメリカに本拠を置くコカ・コーラとペプシコは、脱プラスチックへの動きに反対するロビー活動を続けている米プラスチック産業協会からの脱退を表明。すべての企業に対し、使い捨てプラスチックの削減と将来的な全廃を訴えてきたグリーンピースは、この脱退表明を〝圧力〟の成果だと見ている。

両社はそれぞれ、独自のプラスチック戦略を発表して、問題解決に前向きな姿勢を積極的にアピールしている。世界を統括しているザ・コカ・コーラ・カンパニーでは、2018年1月に「グローバルプラン」を打ち出した。その中で〝廃棄物ゼロ社会(World Without Waste)〟を実現するために、2030年までに世界のコカ・コーラシステムが販売する製品と同等量の容器を100%回収し、すべてリサイクルするという野心的な目標を清涼飲料水業界で初めて掲げたのだ。この年の動きは目覚ましい。

2018年6月には、カナダのシャルルボワで開かれたG7サミットで、イギリス、フランス、ドイツ、イタリア、カナダとEUは「海洋プラスチック憲章」に署名した。その内容は

「2030年までに、可能な製品について、プラスチック用品の再生素材利用率を50％以上に上げる。プラスチック容器の再利用またはリサイクル率を2030年までに55％以上、2040年までに100％に上げる」というもの。厳しい数値目標に怖じ気づいたのか、アメリカと日本は署名しなかった。だが世界のビジネス界は、さらに野心的な目標を自ら掲げ、一気に脱プラスチックへと舵を切っていく。

コカ・コーラは、2018年10月、プラスチックごみによる海洋汚染を食い止めるため、「2025年までにプラスチックごみをなくす」という共同宣言にも署名した。

「New Plastics Economy Global Commitment」と名付けられたこの宣言は、プラスチック問題の解決を推進するエレン・マッカーサー財団が主導、国連環境計画も協力している。スウェーデンの衣料大手H&Mや仏化粧品大手のロレアル、英高級ブランドのバーバリーなども署名し、2019年11月の段階で400社以上に拡大している。宣言の内容は、次のようなものだ。

◉不必要で問題のあるプラスチック包装を撤廃し、使い捨てから再利用可能な包装に移行する。

◉2025年までに100％のプラスチック包装・容器を、安全で容易に再利用でき、リサイクルや堆肥化可能なものに革新する。

◉再利用・リサイクルされるプラスチックの使用量を劇的に増やし、プラスチックの循環経済を構築する。

これを受けて、各企業間での〝競争〟も激しくなっている。

コカ・コーラのライバル、食品飲料世界大手の米ペプシコ。2018年に同じくプラスチックごみをなくす宣言に署名し、「廃棄プラスチックを無くす国際アライアンス」にも参加している。ペプシコは、2018年に、2025年までにプラスチック容器・包装での再生プラスチック使用割合を25%以上にする目標を発表していたが、2019年9月、2025年までにバージンプラスチック（石油などから作られた新品のプラスチック）の使用量を35%削減する新たな目標を発表した。2018年だけで、ペプシコは220万トンのバージンプラスチックを使用しているが、アルミ缶の飲料への切り替えなど、今回のアクションで2025年までに累計250万トンを削減するという。

となると、コカ・コーラも負けてはいない。世界200か国以上で500を超えるブランドを提供する世界最大の総合飲料企業として、様々なチャレンジを続けていくとアピール。ミネラルウォーターの一部でアルミ缶での販売を開始、2020年には全米規模に拡大する計画だ。さらには、海洋プラスチックごみを原料とした再生プラスチックを25%活用したペットボトルの試作品を発表。食品飲料分野では世界初となるこの試み、2020年から市場に出すことをめざしている。

日本にいるとあまり感じられないが、こうしたスピーディーな世界企業の動きには、脱プラスチックへの取り組みが、企業のブランドイメージを守るためにも必要不可欠だという背景がある。特に環境意識の高い顧客が多く、NGOの活動が活発な欧米では、後手に回ることは死活問題になりかねない。

企業とNGOの闘いには、長い歴史がある。例えば、食品飲料大手のネスレ。チョコレート菓子の「キットカット」などで知られるこのメーカーはかつて、大手環境NGOのグリーンピースから、菓子に使用しているパーム油が熱帯雨林を破壊し、オランウータンを絶滅に追い込んでいるとして徹底的な批判を受けた。この時のグリーンピースのネガティブキャンペーンは凄まじいものだった。

2010年、YouTubeに流されたのは、こんなストーリー。大量のコピー用紙をシュレッダーにかけていたサラリーマンが、コーヒーブレークに、ふとキットカット風のお菓子のパッケージを開けると、なんとそこから出てきたのはオランウータンの……というホラーばりの演出だったり、別のバージョンは、菓子の形をした伐採マシンが熱帯雨林を破壊し尽くし、悲しげな目をしたオランウータンが消費者を見つめ続ける、というものだ。

日本ではちょっと考えられない、環境NGOによる巨大企業への宣戦布告。企業にしてみれば、こんな動画を拡散されてはたまったものではない。ネスレは、この件ではグリーンピースに対し著作権侵害も訴えているし、もちろんこれまでも企業の社会的責任については取り組みを続けていたと反論した。しかしながら、このネガティブキャンペーンのインパクトは本当に大きく、同業他社の世界的企業をも震え上がらせた。

ネスレは、パーム油の入手方法を環境に配慮したものに改めるため、「2015年までにサステナブルなパーム油に切り換えていく」という声明を発表。その後も、様々なNGOから一層の改善を求められてはいるものの積極的な対策に乗り出し、いろいろな分野で〝環境先進企業〟としての取り組みに力を入れている。

ネスレはプラスチック問題でもいち早く、「2025年までにプラスチックごみをなくす」宣言に署名、アライアンスにも参加している。ちなみに、今回、ネスレ日本では、プラスチックごみの課題解決に向けて「キットカット」の外袋を紙パッケージにした。主力の大袋タイプの製品の外袋をプラスチックから紙パッケージに変更することで年間約380トンのプラスチックが削減できるとしている。今後は個別の包装での変更も検討し、2021年までにはリサイクルしやすい素材に統一するという。

大企業を動かした消費者の力

ＳＮＳの力もあって、最近ではＮＧＯからの働きかけだけでなく、消費者一人一人の小さな声が企業を動かすこともしばしば起きている。

巨大な外食産業であるマクドナルドの例を見てみよう。

紙製のストローや容器を採用するなど、脱プラスチックに向けた動きを展開しているイギリスのマクドナルド。だが、イギリスに住む7歳と10歳の姉妹が呼びかけ人となって、「ハッピーセット」のプラスチックのおもちゃを廃止すべきという署名が集められているのだ。

マクドナルドだけでなく、バーガーキングも対象にしたこの活動は、イギリスの環境大臣まで賛同し、いまや約30万人を超える署名を獲得。マクドナルドは、２０１８年7月から「おもちゃのリサイクルプログラム」と題して景品の一部に本を採用するなど、この動きに対応している。だが、消費者の意識がここまで変わってくると、もっと大きな対策を取る必要にも迫られてくる。

そんな中で、そのハッピーセットのおもちゃをめぐって、日本マクドナルドの試みが大きく注目されている。

環境省と一緒に進めているのは、２０１８年、遊ばなくなったハッピーセットのおもちゃを全国の店舗で回収しリサイクルする「ハッピーりぼーん」と名付けたプロジェクトだ。期間を決めて、店の店頭に回収ボックスを設置。子どもたちは、そこにプラスチック製のおもちゃを持ち込み、それをリサイクルして新しいプラスチック製のトレイに生まれ変わらせるという仕組みだ。出来上がった緑のトレイにはスマイルマークが描かれ、自分のおもちゃがトレイに生まれ変わったことを知った子どもたちも、驚きながらちょっぴり誇らしそうな笑顔を見せている。

このプロジェクトを始めるにあたって、日本マクドナルドでは、まずはハッピーセットのおもちゃに対して消費者がどういう気持ちを持っているのか意識調査を実施。すると、〝子どものキモチを大切にしながら、上手におもちゃとお別れさせたい〟という母親の思いや、〝リサイクルが理想だけど方法が難しいし、分からない〟といった悩みが明らかとなった。今回、おもちゃのリサイクルを通して、子どもたちの〝ものを大切にする心〟と〝リサイクルへの意識〟を育む試みは、環境教育にも役立つとして消費者からの評価も高かったという。

また店の側でも、コスト的には課題が多少あっても、プラスチックのおもちゃを持ち込むためにわざわざ来店し、飲食や持ち帰りをする人が増えたことで、ウインウインの関係だったと総括、翌年にも実施することを決めた。

グローバルのマクドナルド本社では〝Scale for Good（スケール・フォー・グッド）〟を合言葉に、マクドナルドならではのスケールメリットを活かして、持続可能な社会の実現をめざすプランを発表している。日本での取り組みも、目標の100万個を上回る約127万個のおもちゃが回収・リサイクルされたという。このことにグローバル本部も注目、今後、世界の店舗でのグッドプラクティスにしていく可能性も検討中だ。

もちろん、イギリスでの署名のように、プラスチックのおもちゃそのものを減らしていくことが求められているのも事実だ。だが、世界100か国以上に店舗を持ち、日本でも約2900店舗で15万人以上のクルーが働き、毎年14億人以上が来店しているような企業が、積極的なリサイクルへの姿勢を打ち出すことは、大きな波及効果があると期待されている。

エシカルファッション 変わるアパレル業界

感度の高い消費者が多いファッション業界の動きも加速している。

皆さんは「エシカルファッション」という言葉をご存じだろうか。エシカルというのは倫理的とか道徳的という意味だが、倫理的なファッションと呼ばれてもピンとこないので、「人と地球にやさしいファッション」とか「サステナブルファッション」という言い方もある。

国際団体エシカル・ファッション・フォーラムの基準では、衣料品を短い商品寿命で大量生産する手法への反対や、公正な賃金・労働環境・労働者の権利の擁護、地球環境にやさしいサステナブルな生活の支持、有毒な農薬や化学品の使用に対する問題提起や動物愛護など、細かい規定がある。

特に素材に関しては、エコフレンドリーな布や材料を使用・生産していることが求められ、生産方法についても水の使用を最低限に抑えているかどうかや、リサイクルを行ない、エネルギーの効率化や無駄をなくす取り組みをしていることが求められている。

エレン・マッカーサー財団によると、実は、アパレル・ファッション産業は、石油業界に次いで2番目に温室効果ガスを排出している業界だ。驚くべきことにこの値は、国際航空や海運業界の総排出量を上回っている。

アパレル・ファッション産業の年間の温室効果ガスの排出量は12億トン。ファストファッションと呼ばれる格安な大量生産ファッションの台頭により、2000年から2014年に洋服の生産量は倍増。しかも一着を長く大事に着るという文化は廃れ、大量消費が加速。生産段階での温室効果ガスの排出や水の汚染が深刻化している。また、捨てられていく服=廃棄物も増え、環境への負荷は増す一方となっている。こうした批判が高まっている中で、のちにプラスチック問題にも波及する、ある事件は起きた。

2018年、イギリスを代表する高級ブランドであるバーバリーが、ブランドの価値を守るために、売れ残った洋服など42億円分を廃棄・焼却していたことが判明したのだ。バーバリー側は、環境には影響を与えないやり方で焼却していると説明したが、環境NGOや若い世代の消費者から猛反発を受けた。結果としてバーバリーは、売れ残り商品を焼却せず、慈善団体に寄付することになった。折しも海洋プラスチック問題への注目で、企業の社会的な責任が大きく問われていた時期である。

2018年末に、ポーランドのカトヴィツェで開催された温暖化対策を話し合う国連の会議COP24では、ファッション界をリードする43もの企業が、2030年までに温室効果ガスの排出量を30％減らすと表明。業界として地球環境問題に取り組むことを宣言した。

国連主導のこの動きに加わったのは、かのバーバリーをはじめ、グッチ、サンローラン、バレンシアガ、ステラマッカートニー、アディダス、プーマ、リーバイス、ヒューゴボスなどのそうそうたるブランド。H&MやGAPといったファストファッションの名前もある。

これらの企業は2025年までに、気候変動に配慮した材料や二酸化炭素などの排出量が少ない輸送に切り替え、製造現場に石炭を燃料とするボイラーの設置をやめるなど、具体的な対策を打ち出している。こうしたリーダー的な企業は海洋プラスチック問題にも敏感で、すでに様々な対策を打ち出していたのだが、ついに業界が一体となって大きなムーブメントとして動き始めたのだ。

今回の試みを発表した国連気候変動枠組条約のパトリシア・エスピノサ事務局長も、この動きを歓迎、こう語っている。

「ファッション業界は世界文化を決定付ける点において、いつでも二歩先を行く業界。その業界が、気候変動の問題においても先駆者となるのはとても喜ばしいことです」

そもそも華やかなファッション業界への眼差しが厳しくなったのは、2013年4月にバングラデシュの首都ダッカ近郊で起きた痛ましい事故だった。世界的な大手ブランドの衣料品工場5軒が入ったラナ・プラザというビルが崩落、1600人以上が犠牲・行方不明になった。けが人も2500人以上。途上国の多くの若い女性たちの命が奪われたこの悲劇を契機に、ファッション業界の裏側がいかに劣悪な労働環境か、そして地球環境に大きな負担をかけているのかが問われるようになったのだ。直ちに大手ファッション企業の責任を求める運動、Fashion Revolutionが立ち上がり、いまや世界最大のファッションアクティビズムとなっている。

自ら、ファッションとサステナビリティについて、積極的に発言し行動を起こしているデザイナーもいる。2017年にエレン・マッカーサー財団と最初に提携を結んだブランドとなったステラマッカートニー。自身もベジタリアンで環境意識の高いデザイナーのステラ・マッカートニーさんは、ファッション業界は循環経済への責任を持つべきだと強く訴えている。リサイクルしたナイロン繊維などを積極的に用いるコレクションを発表したり、ドイツのアディダスと組んだキャンペーンでは、製品の多くに回収したプラスチックをアップサイクルした素材を使用。つまり捨てられていたものから、より価値の高い商品を生み出す試みに挑戦している。

ちなみに、アディダスもまた非常に先駆的な企業で、海洋プラスチックを繊維に変える新技術を採用したり、2024年までに製品や店舗・物流など、すべてのサプライチェーンにおいて、バージンプラスチックの使用を全廃すると発表した。

さらに、海洋汚染に取り組むNGOパーレイ・フォー・ジ・オーシャンズとパートナーシップ契約を結び、浜辺で回収したプラスチックごみからアップサイクルした素材を一部に用いたシューズを売り出した。すると、高額にもかかわらず100万足以上の売り上げを記録。この他、再生プラスチックで作ったウェアも人気だという。さらには、消費者に海を守るためのランニング大会に参加してもらい、1キロメートル走るごとに1ドルを、アディダスがNGOの環境教育プログラムに寄付するキャンペーンも実施している。

ライバル会社であるアパレル世界大手の米ナイキも、すでに全製品のうち75%で再生素材を活用している。ナイキの再生ポリエステル利用量は業界最多で、さらなる新素材の開発を模索している。一方がアイデアを出せば、もう一方がさらに先を行く、いい意味の競い合いが続いているのだ。

ステラ・マッカートニーさんは、こうした企業の動きを推し進めるには消費者の厳しい目が必要だと、協力を呼びかけている。私たち消費者も、これまでの安いだけの使い捨てファッションの裏側で何が起きていたのかを知り、さらには真に持続可能な製品を作るには、それなりに値段も高くなることを受け止められるのか問われているというわけだ。

実際、消費者のファッションに対する意識は、大きく変わり始めている。世界経済フォーラムの調査によると、ミレニアル世代（1980～90年代前半に生まれた世代）の約5割が、グローバル課題の中で「気候変動」が最も深刻だと考えている。さらにミレニアル世代よりも若い、1990年代後半から2000年代初頭に生まれた「ジェネレーションZ」の9割は、企業は環境や社会問題に対応する責任があると考えているという。若い世代へのアピールが必要なファッション業界にとっては、エシカルファッションのトレンドや、脱プラスチックの動きをいち早く取り込むことは、企業の生き残り策でもあるのだ。

こうした背景もあって、ファッション業界では、プラスチックバッグを紙袋などに切り替えることはもとより、海から回収されたプラスチックごみをリサイクルして作られた様々な素材が登場、漁網から生まれた高機能レギンスも話題になっている。もちろんペットボトルのリサイクル素材を100％用いて作られたスカートやコート、フリースだって売られている。こうした製品で若い世代の人気が高いブランドの一つエバーレーンでは、2018年10月に、サプライチェーンでのバージンプラスチックの利用を2021年までに廃止するという野心的な目標を発表。イギリス王室のセレブたちもさりげなく好んで着ている姿が発信され、さらなる話題を呼んでいる。

ちなみに、イギリス王室は、すでに使い捨てプラスチックの全面使用禁止を発表している。イギリスでは2017年に、公共放送BBCが、著名な動物学者で国民的人気の高いデイビッド・アッテンボロー卿がプレゼンターを務める環境ドキュメンタリー『ブルー・プラネットII』を放送した。世界の海をくまなく取材したこの自然番組は、同時にプラスチック汚染の凄まじい影響を映像で見せつけ、その後のプラスチック問題を急展開させるほど大きな反響を呼んだ。かねてよりアッテンボロー卿のファンだったというエリザベス女王もこのドキュメンタリーを見た。そして、バッキンガム宮殿は女王の命令により、王室の私有地において、使い捨てプラスチックを使わない決定をしたと発表したのだ。我々メディアの責任の重さをひしひしと感じさせるエピソードである。

脱プラへの道 企業の野心的な取り組み

ここで、いくつか野心的な取り組みをしている企業を見てみよう。

自然派化粧品のラッシュは、シャンプーバーや無包装（ネイキッド）商品を工夫し、固形のシャンプーに直接ラベルを貼るなど、徹底して無駄な包装をなくそうとしている。

またニューヨークには、パッケージフリーとゼロ廃棄を掲げたグロッサリーストアが登場、バルク売り（量り売り）によって、持参したケースや瓶で買い物ができると人気だ。

企業の理念そのものに環境保護を掲げている会社もある。アウトドアウェアのメーカー、パタゴニアでは「私たちは、故郷である地球を救うためにビジネスを営む」と断言している。もともとこの会社では、母なる自然と触れ合うスポーツは「自然と一体となる瞬間」という得がたい恩恵を与えてくれると考え、手つかずの自然が残る美しい土地や野生地域を保護する情熱を持って事業を展開してきた。近年、気候変動の進行をなんとか食い止めたいと、ビジネスの範疇にとどまらない様々な活動も行なっている。

会社のホームページには、短編動画「なぜリサイクルなのか？」を掲載し、洋服がどのように作られているのか、気候変動にどう影響があるのかなど、現在のリサイクルシステムが直面している世界的規模の課題を消費者に訴えかけている。パタゴニアは、１００％再生可能な素材やリサイクルされた素材への移行をめざし、日本の店舗でも袋の提供を完全にやめる決断をした。さらには、化学繊維を洗濯することによってマイクロファイバーが海に流れ出ることを食い止める研究を、カリフォルニア大学やノースカロライナ州立大学に委託して行なっている。

パタゴニアにとって、自社でも使用している膨大な量の化繊の衣類からマイクロファイバーが抜け落ちている問題に対応することは、最優先課題の一つだという。消費者に対しては、マイクロファイバーが流失しにくい洗濯や手入れの仕方まで解説。今後も新素材の開発も含め、研究を続けていくとしている。

いまや世界を席巻する超巨大IT企業の4社「GAFA（Google, Apple, Facebook, Amazon）」の一翼を担うアップルも、気候変動対策や循環経済に力を入れている。

すでに電力の分野でも再生可能エネルギー100％での事業運営を実現。次なる野望は「完全なるサーキュラーエコノミー」だ。いつの日か、アップル製品が使用後、廃棄されるのではなく、すべて再加工して製品を生み出していくサイクルを確立することで、地上資源と呼ばれる〝再生資源100％〟の製品を作ることが目標だという。

まずは、iPhoneを自動で分解してリサイクルするロボットを開発、金属やレアアースなど様々な資源を再生、新製品に利用している。さらに「環境負荷の低さは、性能の高さの新たな基準」だとして、強度や仕上げを犠牲にすることなく、100％再生アルミニウムで作ったパーソナルコンピュータを発表。今後は、より長持ちする商品の開発にも力を入れていく。

北欧の企業も循環経済に本格的に取り組んでいる。

デンマークのおもちゃメーカーのレゴ。ブロックで知られるこの会社は、いわばプラスチックとともに歩んできた。だが、ついに石油由来のプラスチックへの依存から脱却し、2030年までに全製品を植物由来もしくはリサイクル素材を使って製造しようとしている。

2015年、レゴでは約165億円を投資して、石油に代わるサステナブルな新素材を原料にしたブロックの研究開発を開始、2018年には初めて植物由来の素材で作ったレゴを誕生させた。まだ全商品の2%にすぎないが、2030年までに強度や性能、量産体制をクリアして達成したいという。

デンマークといえば、大手ビールメーカーのカールスバーグは、世界初の紙製ビールボトルの試作品を発表。木質繊維を使ったリサイクル可能なビール容器をめざして研究を続けている。ペットボトルへの応用が利く可能性もあり、パッケージの専門家や飲料他社とも組んで、味や品質の変わらない代替品の開発に力を入れている。

家具世界大手スウェーデンのイケアも、積極的に脱プラスチックを進めている。イケアは2020年までに、販売商品と顧客・スタッフ向けのレストランから使い捨てプラスチック用品をなくすと決定。さらにすべてのイケア商品を循環経済の原則に基づいて設計し、全商品を再生素材に変えると宣言。すでに一部の国で、木材やマットレスなどのリサイクルを開始している。ソファについてもリサイクルしやすいよう、分解が容易な設計に切り替え始めたという。

しかもイケアは、家具を売る、という本業そのものの見直しも開始した。家具レンタル事業をスタートすると発表したのだ。従来モデルからレンタルモデルに変更することは、家具廃棄物を減らし、循環経済の推進に役立つとの判断で、レンタル後に返却された製品についても修復して再販売することも検討している。

もしかすると、こうした動きは、シェアリングエコノミーなど所有の概念の変化や、幸福という価値観の転換にもつながる可能性を秘めているのかもしれない。

何が「カッコいい」ことで「魅力的」なことなのか。このところ、消費者がクール＆セクシーと感じるものも変わってきているように思う。私も、パリで取材していた時、古い鉄道関連の敷地をリノベーションした、廃材を再利用したフードコートが人気だと聞いて出かけたことがあった。そこでは、使われなくなった飛行機の座席をリユースした店や、捨てられていた家具をアップサイクルしたカフェなどが、実におしゃれで居心地のいい空間に仕上がっており、若者たちの評判も上々だった。

大量生産・大量消費・大量廃棄の成長モデルは、果たして人間を本当に幸せにしたのだろうか。

もしかすると、制約はあるものの、知恵を出し合い、新しい循環経済に貢献していくことは、別の形の幸福と経済価値を生み出していくのかもしれない。そうなると、ＧＤＰという従来型の指標だけで企業の価値を測りきれるのかという資本主義の課題も、頭をもたげてくる。
私たちが思う以上に、循環経済という仕組みは、革命的なものなのかもしれない。

イノベーションを起こせ! 日本企業のビジネスチャンス

2019年2月、フランスのプラスチックリサイクルを統括するCITEOという団体の主催で、パリ中心部で大きなイベントが開かれた。新しいリサイクル技術を持つベンチャー企業と大手企業が一堂に会する「プラスチック・ソリューション・フォーラム」だ。参加したのは100社以上。コカ・コーラやペプシコ、ダノンといった世界最大級の食品飲料メーカーや、ユニリーバやロレアルなど洗剤や化粧品を作る大手企業も出席した。

P&Gの環境担当者はこう語る。

「循環経済を早く実現するには、バリューチェーン全体での協力がカギです」

ネスレの姿もあった。

「革新的な技術が必要なんです。実験室ではなく、商業的に実用可能な技術が必要です」

これまで見てきた通り、世界的な企業は、すでに2025年をターゲットにした野心的な目標を掲げている。しかし、これは欧米流のコミットメントのやり方なのだが、確固とした技術的な裏付けや緻密な計画があって宣言しているわけでもないというのが実情だ。むしろ、コミットメントを出すことで、社内外の体制をそちらに向け、強引であってもその目標に向かって走る姿勢を示している。

日本企業の場合は、できなかったらどうしよう、だとか、社内外の合意がまだ取れていないから、という理由で野心的なコミットメントを出すことをためらう傾向がある。〝詰まっていない〟という理由から、G7サミットで「海洋プラスチック憲章」に日本が署名できなかったのも象徴的だった。文化の違いといえばそれまでだが、結果として何よりもスピード感が求められるこの大競争時代にあって、欧米企業に一歩も二歩も先んじられることが多い。

ということで、欧米のプラスチック使用企業たちは、2025年のターゲットを達成するための新しいテクノロジーを喉から手が出るほど欲しがっているのだ。しかもネスレの担当者が言うように、欲しいのは「早ければ2040年頃には実現可能です」といった夢の新技術ではない。数年で量産できる実用可能性の高い技術なのだ。

会場では、生分解性のテクノロジーやリサイクルの新技術まで、世界中のベンチャー企業が集まって、熱心なプレゼンテーションが繰り広げられた。世界初、という言葉が響くと、大勢の聴衆の表情が引き締まる。壇上にいるのは、フランスのベンチャー企業のCEOだ。

「私たちは、酵素とプラスチックを結び付けた最初の会社です。科学者と一緒に、酵素でプラスチックを分解する方法を見つけました」

実はこのフォーラムそのものが、高い技術を持つベンチャー企業と、ニーズのある大企業を引き合わせることを主要な目的の一つにしているのだ。

そんな中、独自のリサイクル技術で大きく注目された日本企業の姿があった。

司会者が紹介したのは、小柄で、とても若く見える一人の社長だった。

「ペットボトルを化学的なやり方で分解するケミカルリサイクル技術は、世界でも数か国にしかありません。10年前から行なっているのが日本です」

登壇したのは、日本環境設計の髙尾正樹社長。1980年生まれの若手経営者だ。髙尾社長は、パワーポイントと英語を駆使して自分たちの技術の高さについて語り始めた。

「私たちは、ケミカルリサイクルの技術によって不透明なペットボトル、色つきのボトル、ラベルがついているようなボトルでも、なんでもリサイクルできます」

注目されているのは「ケミカルリサイクル」という特殊な技術だ。使用済みのペットボトルなどを化学的に分解し、新品同様の品質にリサイクルできるという極めて難しい技術だが、この会社では、すでに工場を稼働させている。

ケミカルリサイクルは、マテリアルリサイクルと呼ばれている通常のリサイクルとどう違うのだろうか。

プラスチックは、石油から作られた樹脂を原料にして製品になる。使い終わると、汚れを取り、高温で溶かしたものを材料としてリサイクルする。だが数回で不純物が混じり、品質が劣化してしまい、最後は焼却するか、埋め立てるしかなくなる。つまり、永遠にリサイクルすることは、技術的に不可能なのだ。

一方、ケミカルリサイクルは、化学的に分子の状態にまで完全に分解する。この場合、石油から作られたものと同じ品質の樹脂を作れるので劣化せず、理論的には半永久的にリサイクルできるというのだ。

いま、この分野には、世界最大の総合化学メーカーをはじめ名だたる大企業が独自の技術を開発して、しのぎを削っている。ヨーロッパ最大のプラスチック産業団体である欧州プラスチック製品工業協会のエリック・クネ氏は、その重要性をこう語る。

「ケミカルリサイクルは、プラスチック製造業の優先課題です。しかし、現在はまだ開発段階。他の産業投資と同じように時間がかかるのです。私たちは総力を挙げてパイロット事業を行なっていますが、量産化レベルにまでいくには、時間がかかっています」

例えば、ドイツに本社を置くBASFもケミカルリサイクルに本腰を入れている。全世界で11万人以上の社員を有するこの巨大企業でも、プラスチック廃棄物をもとにケミカルリサイクルした試作品の開発を行なっている。完全な循環経済をめざす「ChemCycling プロジェクト」

では、チーズの包装材料や冷蔵庫の部品、断熱パネルなど多岐にわたる用途の製品を試作中だ。これらの製品は、化石資源から作られる製品と全く同じ特性を持ち合わせていることから、大きな期待が寄せられているのだ。だが、まだ商用化には至っていない。

一方、IT業界の巨人IBMも、この分野に参入した。2019年2月に、ペットボトルのプラスチックをケミカルリサイクルする新技術「VolCat」を開発したのだ。こちらの技術は洗浄や分別が不要な上に、高品質のポリエチレンテレフタレート（PET）を再生産できるという。従来のケミカルリサイクルより低い温度で、かつ通常2時間という短い時間でプロセスを完了できる。洗浄・分別費用が抑えられることによるコスト削減もあって、商用化の見込みがついてきているという。現在、大規模なリサイクルが低コストでできるかどうか、パートナー企業と試行運転を計画中だとしている。

そうそうたる大企業に交じって、日本のベンチャー企業である日本環境設計が注目されているのは、すでに工場を持ち、量産できる体制が整っているからだ。生き馬の目を抜く競争の中で、一歩リードしていることになる。

CITEOのイベントでは、プレゼンテーション終了後に商談会が行なわれた。この日、実に様々な業種の企業が、髙尾社長のもとを訪れた。中には投資会社の姿もあった。

「私たちは、ベンチャー企業に投資して、循環経済を加速させようとしています。ケミカルリサイクルというアイデアは、本当に魅力的です。今後の解決策になると思います」

プラスチックを大量に使っている企業からは、特に大きな関心が寄せられた。ヨーグルトやミネラルウォーターなどを販売するダノンは、2025年までにすべての容器をリサイクル可能にするなど高い目標を掲げている。

「容器のリサイクル率を高め、完全な循環を実現するために、解決策を持つベンチャー企業を探す必要があるのです」

ダノンの容器のリサイクルに協力しているヴェオリアの担当者もこう語った。

「私たちは、猛スピードで研究開発を進めています。普通、新しい技術を商業化するには8年かかるんです。でも目標を2025年に達成するためには、あと6年しかありません」

この日だけで、日本環境設計の高尾社長のもとには、数十社からコンタクトがあったという。予想を上回る人気ぶりに、思わず顔もほころぶ。

「これ、売れるなあ。もう何件成約取った、いま？　もう話が早いですよ。一つの打ち合わせがだいたい30分ですけど、もうトントントンと決まっていく感じがします。10年やってきましたが、やっと世界が我々のことを見てくれるようになったなあっていうのは感じます」

循環経済に挑戦する日本環境設計

日本環境設計は、２００７年に創業した若い会社だ。主力の工場の一つは、福岡県北九州市の「北九州エコタウン」にある。２０１７年に建てられた、ペットボトルと古着のリサイクルを行なう最新の施設だ。担当者が工場を案内してくれた。

「ここでは、ビーチクリーン活動で集まった海洋ごみのペットボトルを洗浄して破砕したものを原料として投入しています。これが海洋ごみのペットボトルのみで作ったポリエステル樹脂です。この樹脂を糸にして布にして、洋服を作ることもできます。バッグを作ることもできます。ペットボトルなどの容器も作れます」

長い間、太陽光や水に晒されたプラスチックは汚れがひどく、品質も劣化しているため、従来の技術ではリサイクルが難しかった。だが、特許を持つ独自技術で可能となり、しかも石油から作るプラスチックと同じ品質にできるという。この技術を使えば、石油の代わりにペットボトルを資源として利用することができる。

同様に化学繊維が含まれている洋服も、品質を落とさずに資源として再利用することができるという。

ごみを〝地上資源〟に変える夢のリサイクル技術――。

2007年に42歳で起業したのは、日本環境設計の岩元美智彦会長だ。エンジニアだった高尾社長を誘って、資本金わずか120万円で設立した。その後、大阪大学と共同で綿繊維リサイクルに関する技術開発に成功したのをきっかけに、様々なリサイクルビジネスの仕組み作りに乗り出し、現在の資本金は26億円にまで成長している。

岩元さんは、かつて繊維商社で働き、ペットボトルから繊維を作るプロジェクトに関わっていた。その頃から、リサイクルビジネスに大きな夢を抱いてきたという。

「会社のビジョンはですね、完全な循環型社会をつくろうと思っています。ですから消費者が回収に参加して集めた材料で原料を作って、それをメーカーに使っていただき店頭に並べてもらって、消費者に買っていただくと。この究極の循環がやっぱり理想じゃないですか」

私が岩元さんに初めて会ったのは、2018年の夏のことだった。当時私は、気候変動が海に与える影響を調査しているフランスの海洋探査船タラ号のドキュメンタリーを作ったご縁で、福岡県宗像市で開催されている「宗像国際環境100人会議」というシンポジウムに招かれた。

そこで、行なわれた岩元さんのプレゼンテーションの内容は、まさに目から鱗のものだった。まず驚いたのは、分子レベルにまで分解することで、劣化することなく新製品に生まれ変わらせることができるケミカルリサイクルの理論だ。

「よそのリサイクル屋さんとうちの技術は、何が違うのか、ここがポイントになります。電子顕微鏡で見ると、CとHとO、つまり燃えるものはすべて炭素と水素と酸素でできている。で、炭素は一生炭素。水素は一生水素。酸素は一生酸素。だから分子構造を一回解いて、原子にしてまたくっつける。この作業をするとですね、物質って劣化しないんですね。これをずっと研究開発してきたと。おもちゃも服もパンもバナナもビニール袋も、私も皆さんも、CとHとO。結局同じものでできていますので、これをどう分解してくっつけるかという話になるんです」

それまで、そういうリサイクルがあることを恥ずかしながら知らなかった私だが、もっと驚いたのは、岩元さんのある〝野望〟だった。それは「もし、この世界にあるごみをすべて再資源化できれば、将来、石油がいらなくなるほどの完全な循環型社会を構築できるのではないか」という、一見、突拍子もない

プラスチックごみを資源に生まれ変わらせる「ケミカルリサイクル」技術をもつ日本環境設計は、2007年に岩元美智彦会長と髙尾正樹社長（上）が設立した。川崎にある世界最大のケミカルリサイクル工場を買い、フランスのリヨンにも工場を新設する準備を進めるなど、世界から注目を浴びている

ものだ。

岩元さんは言う。結局人類は、いつの時代も石油などの資源をめぐって争いを起こし、戦争を続けてきたのではないか。ならば、廃棄プラスチックだけでなく、携帯電話に使われているような金属、そして古着などをすべて、ごみではなく〝地上資源〟に変えることができれば、戦争や紛争をなくすことができて、子どもたちが笑顔になれる社会を築けるのではないか。

夢物語のようだが、岩元さんは本気でそう思ってビジネスに取り組んできたという。

最初に手がけたのは、服のリサイクルだ。綿繊維を糖に変えて、そこからバイオエタノールを作る世界初の量産工場を黒字化するなどして軌道に乗せた。次に取り組んだのは、ポリエステルのリサイクル技術の開発だ。いままで化学繊維のポリエステルは石油から作られていたわけだが、これを、石油を使わずに古着から変換できる技術を開発。一着の古着から、ほぼ一着の新しい服ができる高い変換率が注目された。

さらに、携帯電話のリサイクルにも取り組み、国内の約60％の携帯を集めて、金・銀・銅やレアメタルなどを抽出。いわゆる「都市鉱山」という宝の山から新しい製品として使える金属を取り出せる高い技術を持っている。その技術を使えば金メダルを作ることだって可能になるのだ。そして2018年には、東京ドーム約1・5個分という、川崎にある世界最大のケミカルリサイクル工場をM&Aで買い、2021年中の稼働をめざして改修している。この工場に新技術を入れることで、リサイクル大量増産時代を築こうとしている。

こうしたダイナミックな挑戦が評価されて、岩元さんは、世界的な社会起業家の栄誉であるアショカフェローに選ばれたり、日経ビジネスの「次代を創る100人 2017」ではトップページを飾った。まさに世界的に注目を浴びるようになったのだ。

だが、ここに至るまでは、決して順風満帆ではなかった。

リサイクルへの大きな野心はあったものの、当初は材料となる素材が思うように集まらなかったという。業界を見渡すと、連携もなくバラバラだった。このため岩元さんは、古着を集めるための共通の土俵作りをめざした。消費者にアンケートをしてみると、買った店で回収してもらえるのが一番ありがたいという。しかも、コストを下げるには、小売店の垣根を越えて、共通の仕組みで回収できるようにすることが必須だと考えた。そしてベンチャーならではの業界の常識を超えた突破力で、通常はライバル関係にある企業を次々と口説いていったのだ。

世界中で作られる衣料品の6割は石油由来のポリエステル原料でできているという。これをリサイクルできれば、石油の使用削減に貢献し、地球温暖化対策にもなるという理念に共鳴して、いまではBRINGと名付けた共通のプラットフォームが出来上がり、大手デパートやイオン、良品計画やパルシステム、レナウンやイトキン、サンヨーなどのファッション産業まで、50社以上が古着の回収に協力している。

それでもリサイクルというのは、正直、かなり地味な取り組みだと岩元さんは言う。

「リサイクルに興味のある人はいままで5％弱といわれています。その残りの95％の人を参加させるには〝正しい〟を〝楽しい〟に、が大事なんです。楽しいことをやるとですね、みんなが参加していただけると」

どうしたら、もっとリサイクルに興味を持ってもらえるのか。もっとワクワクする仕組みを作れないか。思いついたのが、若き日に憧れていたあの車……。1985年に大ヒットしたアメリカ映画『バック・トゥ・ザ・フューチャー』に登場する、ごみを燃料にして走る車デロリアンだ。

1989年に公開されたパート2では、タイムマシンであるデロリアンは未来にタイムスリップする。その日付は、2015年の10月21日だ。この記念日に、デロリアンを本物のごみで動かしたいと、岩元さんはハリウッドに乗り込んでいった。

「地上のごみを資源に変えて循環型社会をつくりたい！　そうすれば必ず戦争やテロをなくせる、子どもたちの本当の笑顔を取り戻せる！」と熱弁を振るったところ、なんとユニバーサル映画からOKが出たのだ。そしてついにデロリアンを日本に持ち込み、回収した古着から燃料を作って、実際に走らせた。10月21日の記念日にはカウントダウンが行なわれ、BBCやCNNが世界150か国以上にライブ中継するほど、大きな話題となった。（6ページ参照）

嬉しいことに、多くの人々がデロリアンを目当てに古着を持って続々と集まってきた。子どもにせがまれてやってきた家族連れもいる。ごみで走るデロリアンを見て、目を輝かせている子どもたち。大人も若い頃に見た映画を懐かしみながら、すっかり笑顔になっている。まさに「環境問題という〝正しい〟を、〝楽しい〟に！」という岩元さんの真骨頂だ。報道による大反響もあって、その後も、日本各地の会場でデロリアンに乗れるイベントが次々と開催され、古着は大量に集まるようになり始めた。

ちなみに、岩元さんたちはＪＡＬと協力、集めた古着の中から綿のものを使ってバイオ燃料の製造に挑戦し、ジェット機を飛ばすプロジェクトも計画している。Green Earth Institute と地球環境産業技術研究機構が開発したバイオプロセスを使用し、２０２０年中にこのバイオジェット燃料を使用した日本初のチャーターフライトをめざしているという。こちらも実にワクワクするチャレンジだ。

もしかすると、まずはこうやって子どものように夢見るところから、〝できない〟が〝できる〟に変わり、真の循環型社会に向けての新たなイノベーションが生み出されていくのかもしれない。重要なのは、画期的な技術と、素材を集めるスキーム、そして消費者を巻き込むワクワクドキドキ。この3つを合体させ、世界中の企業と連携して「規模の経済」を実現することだと岩元さんは言う。本当にそれができれば、〝地上資源〟だけで経済を循環させるという夢に一歩も二歩も近づいていくことだろう。

変わり始めた廃棄プラスチック事情

ここで、そもそも日本のプラスチックをめぐる状況はどうなっているのか、一度、おさらいしておこう。

日本では、1995年に容器包装リサイクル法が制定され、プラスチックごみの84%がリサイクルされているといわれる。一見、世界と比べてもリサイクルが進んでいるように思える。

だが、長年プラスチック問題に取り組んで来た前出の東京農工大学・高田教授は、日本独特の課題を指摘する。

「使い捨てのプラスチックを過剰包装も含めて大量に使い、それを焼却しているところが一番の問題だと思います。日本全体でのプラスチック廃棄物の約4分の3が実際に焼却されていま す。みんな、うまくリサイクルされているなあというふうに思い込まされてるんですが、国際的な区分や分類では、燃やして発電する〝熱回収〟はリサイクルには入っていません」

日本の場合、熱回収リサイクルもリサイクルに含まれ、その割合は実に全体の58%を占めている。実は、プラスチックは原油が原料なので、よく燃える。回収された熱を火力発電や温水プールなどに利用するこの仕組みは、サーマルリサイクルとも呼ばれるが、要は〝ごみ発電〟だ。なので、かろうじて熱エネルギーにはなっているものの、ごみをもう一度再生させる、本来のリサイクルとは大きく異なる。つまり、せっかく〝リサイクル〟という名前で苦労して分別し回収されたペットボトルや商品トレイなどは、実のところみんな一緒にせっせと燃やされているというわけだ。

では、それ以外の日本のリサイクル事情は、どうなっているのか。

今回、注目したケミカルリサイクル（別のタイプのものも含む）は、4％。マテリアルリサイクルという通常のリサイクルは23％だが、これまでは、そのうちの15％を中国に輸出し、現地でリサイクルしていた。つまり日本ではリサイクル産業は、実際に出るごみの量に比べると十分には整っておらず、ビジネスとしても課題があったといえる。

最近、この日本型のリサイクルが行き詰まりを見せる、大きな事件があった。

実は、2018年1月1日、中国政府は突然、これまで世界中から受け入れていた資源ごみ、プラスチックごみの輸入を禁止した。「中国ショック」ともいわれるこの禁止令によって、外国に依存することでかろうじて成り立っていた日本のプラスチックリサイクルは、大きな転機を迎えた。

それまで日本では、自国でペットボトルをリサイクルするよりも、人件費の安い中国や東南アジアの国々にごみを輸出してリサイクルをしてきた。日本は年間150万トンものプラスチックごみを中国に輸出。中でも、輸出に回すペットボトルごみの7割以上は中国に送られ、その量は東京ドーム3杯分を超えていた。

一時期はビジネスとして積極的に受け入れていた中国の側が激変したのにも事情がある。これまで急速な経済成長を続けてきた中国では、世界からプラスチックごみを輸入し、分別して工業材料として使ってきた。資源不足に悩む中国にとって、先進国が消費した膨大な廃プラスチックは、石油原料よりはるかに安い貴重な資源となっていたのだ。中国の輸入量は、年々増加。ついに、世界の廃プラスチックの6割を輸入するまでになっていた。

しかし、汚れた状態で輸入される廃プラスチックをリサイクルするには、手作業による分別が必要で、人件費の安い農民が一つ一つ汚れを洗い落とし、仕分けていく。そして、環境対策が遅れている中国では、その際に出る汚泥や、洗浄に使う薬品の多くは、川などにそのまま流されていた。作業に携わる者の中には子どももいて、健康への悪影響など人権侵害の懸念もあった。

こうした悲惨な実態を明らかにしたのが、2016年に制作された『プラスチック・チャイナ』というドキュメンタリーだ。プラスチック汚染の深刻な状況を内外のメディアが度々報じるようになると、中国政府の態度は一変する。汚染根絶を理由に中国は輸入禁止を表明。李克強首相はこう宣言した。

「海外ごみの輸入を厳しく禁じる。水がきれいで空が青い中国を築いていかなければならない」

タイやベトナム、マレーシアやインドネシアなど東南アジアの国々も、中国の後を追うようにプラスチックごみの輸入禁止に踏み切った。数年前とは根本的に異なる環境に、いま、リサイクルビジネスの業界は直面しているのだ。

実際に、行き場を失ったプラスチックごみが、日本各地で業者のヤードなどに山積みになっている。もはや引き取り手がなく、せっかく分別されているのに、燃やすしか対処ができないものもある。その肝心の焼却場すら見つからず、相当遠く離れた焼却場に運ばなければならない事例も散見され、資源ごみの処理コストは、かつてとは比べものにならないほどに高騰。多くの企業が頭を悩ませている。産業廃棄物としての処理場が限界を超えてしまったため、環境省ではやむをえず、自治体の一般廃棄物の焼却場で廃プラスチックを処理してほしいと要請する異例の事態となっているほどだ。

途上国にプラスチックごみを送り込んでいたのは、日本だけではない。欧米や韓国でも「中国ショック」は凄まじい影響を及ぼし、各地にプラスチックごみが溢れるようになった。ヨーロッパで脱プラスチックの動きが加速している背景には、実は、環境意識の高まりだけでなく、こうしたやむにやまれぬ事情もあったのだ。

いまこそ、リサイクルを真のビジネスに！

日本環境設計では、この状況を成長の絶好のチャンスと捉えた。２０１８年に買収した、川崎にある巨大なケミカルリサイクル工場では、１年間にペットボトル10億本以上のリサイクルが行なえる体制を整えようとしている。

さらには、古着をリサイクルして新しい洋服を作る事業の量産化も計画している。量産化を可能にするのは、やはり技術だ。石油から作った原料と品質が変わらないため、既存のプラスチック工場と合体させやすいと、髙尾社長は語る。

「この工場を少し大きくしたり、もしくは小さくしたりしてサイズを調整した上で既存の工場の隣に置いて、配管で接続してしまえば、そこをリサイクル工場に生まれ変わらせることができます」

なるほど、こうすれば、一から工場を建設するよりもはるかに早く安価にリサイクル工場を増やすことができる。世界がしのぎを削る競争の中で、コストやスピードの面で優位に立てる可能性があるのだ。

会社では、ヨーロッパの拠点となるリサイクル工場の建設も進めようとしている。候補地は、繊維産業が盛んなフランス・リヨンだ。力を入れるのは、得意としているポリエステル繊維のリサイクル。実は、ペットボトルの生産量は1800万トン程度だが、ポリエステル繊維は6000万トンあるので、莫大なビジネスチャンスにつながる可能性があるのだという。

現地でのリサイクルの顧客となるパートナー企業の開拓も始めた。フランスでチェーン展開するスポーツ用品店が、古着の回収に協力。リヨンでの工場の建設予定地も絞り込まれてきた。もともとあったプラスチック工場の敷地に、北九州と同じ規模の施設を建設し、リサイクル工場にすることをめざしている。髙尾社長はこう語る。

「循環経済に対して関心のある方々が多い地域なので、ヨーロッパ全体で5億人のマーケットがあるとよくいわれますけども、そこに対してここを起点にアプローチしていけるっていうのは大きなメリットだと思います」

もちろん、ケミカルリサイクルにも課題はある。プラスチックを分子レベルに戻して、再度それをプラスチックに変えるには、やはり膨大なエネルギーとコストがかかる。二酸化炭素の排出量は、石油から作るよりも減らせるというものの、自ずと限界もある。これからも工夫を重ねて、より一層のエネルギー削減に向けて技術開発を続けていくことが肝要だ。

くれぐれも注意しなければならないのは、様々な〝リサイクル〟は決して万能薬ではなく、リサイクルだけではプラスチック問題の解決にはつながらないことだ。よく3R（リデュース、リユース、リサイクル）といわれるが、一番大事なことは、リデュース（減らすこと）。リユース（再利用）も大事だが、どんなに再利用しても最後は必ず廃棄しなければならなくなる。そして、リサイクルの場合、知っておかなければならないのは、プラスチックに含まれている難燃剤などの添加剤の問題だ。適正なリサイクルが行なわれなければ、人体に有害な物質がリサイクル品に残留する危険性もあるのだ。また、リサイクルするつもりで集めていた廃プラスチックが、台風や豪雨、あるいは地震などの災害で流されてしまうなど、思わぬ影響が生じるリスクもある。

こうした問題点も把握し、ＬＣＡという製造から廃棄までのエネルギーの流れを常に考えながら、〝地上資源〟という宝の山を最大限に有効活用できる道を探ることが、これから我々人類に求められているイノベーションではないだろうか。

残された課題と変革の兆し

太平洋ごみベルトでのプラスチックごみ回収に挑戦しているＮＰＯオーシャン・クリーンアップ。25歳のＣＥＯボイヤン・スラットには、一つの夢がある。それは、海から回収したプラスチックごみから、新しい製品を作り出すことだ。実験的に行なった試みがある。太平洋のごみのサンプルをペレットにし、サングラスに生まれ変わらせたのだ。爽やかなスカイブルーのメガネフレームには、海洋プラスチックで作られていることと、ごみが拾われてきた海の緯度と経度が刻まれている。

今回、太平洋ごみベルトでのプラスチックごみ回収に初めて成功したオーシャン・クリーンアップ。これまでに集められた海洋プラスチックは、12月、リサイクルのために、いったんカナダのバンクーバーに運ばれた。ボイヤンの夢は、今後、太平洋に回収のために出かけていくコストを、この海洋プラスチックごみから作る製品の収益でまかなえるような体制を生み出すことだという。

「私たちは、陸に運んだプラスチックをリサイクルする予定です。いろんな製品ができるでしょう。本格的な船団ができた数年後には、リサイクルしたプラスチックを使用した製品を販売することで、クリーンアップ作業の運用コストをカバーしていけたらと願っています。でも何よりもプラスチックの使用量を削減することが一番大事です。オーシャン・クリーンアップの試みは、循環経済の輪に加わることなのです」

プラスチックに関して、循環経済の進捗状況はどうなっているのだろうか。残念ながら現状では、リサイクルされているプラスチックは、全体の9%にすぎない。

エレン・マッカーサー財団の推計では、このまま何も対策が取られなければ、2050年には石油消費量においてプラスチックが占める割合は、現在の一桁から20%に上昇。温室効果ガスの排出という炭素収支においてプラスチックが占める割合も15%に上昇してしまうという。

国連環境計画の報告書によると、プラスチックを使用している産業部門はなんといっても容器包装用が最も多く、全体の36%を占めている。2番手は建築・建設業の16%。続いて繊維14%、消費者向け製品10%、輸送7%、電気・電子4%となっている。つまり、あらゆる分野での変革が必要だ。

ここまで見てきたように、世界中で急速に循環経済への挑戦が始まり、そのスピードは日増しに高まって、途上国も含めたうねりとなっている。日本でも、2020年夏の東京オリンピック・パラリンピック開催前の7月から、プラスチック製レジ袋が有料化されることになる見込みだ。

だが世界では、プラスチック製の袋の使用や配布の禁止など、何らかの規制をしている国は120か国以上、なかでもアフリカでは、すでに30か国以上がレジ袋などの使用禁止に踏み切っている。驚かれるかもしれないが、禁止している国名の一部を列挙してみよう。

バングラデシュ、ブータン、中国、モンゴル、スリランカ、ケニア、ルワンダ、セネガル、モロッコ、マリ、タンザニア、イタリア、フランスといった国々だ。

特にケニアでは、2017年にレジ袋は完全に禁止され、製造・販売・輸入だけでなく、使用した場合も最長で4年の禁固刑もしくは最高4万ドル（約440万円）の罰金刑となる可能性がある。ロイターは「世界で最も厳しいポリ袋禁止令」と伝えている。

そして、ついにインドも動いた。ナレンドラ・モディ首相は、2019年10月2日、独立の父マハトマ・ガンジーの誕生日であるこの日に国民に向けて演説を行ない、インドを使い捨てプラスチックから解放するための大きな一歩を踏み出すよう呼びかけた。

具体的には、ポリ袋やプラスチック製のカップ、小型ペットボトル、ストローなど6品目の製造・使用・輸入を全国的に禁止にすると宣言した。これからは外国人であろうとプラスチックの袋を提げてインドを歩くわけにはいかなくなる厳しい措置だ。

インドでは、年間940万トンも発生するプラスチックごみによる汚染が極めて深刻で、各地の道路にはごみが散乱している。国連によると、海洋プラスチックごみの90％以上の発生源となっている可能性のある世界の10河川のうち3つがインドの河川だ。

モディ首相は式典で、「ガンジーは衛生、環境保護、生物保護に強い関心を寄せていた。これを実現するためには、プラスチックは脅威といえる。2022年までに使い捨てプラスチックの全廃を達成しなければならない」と述べた。ごみ収集やリサイクルシステムがほとんど整っていない中でのこの宣言に、企業は戦々恐々としているが、歴史は大きく動き始めた。

（追記：2020年1月、中国も2022年までの使い捨てプラ削減を発表）

海洋プラスチックごみ問題では、何といってもアジアの途上国からの流出をいかに食い止めるかが切迫した課題になっており、ある意味そこには、巨大なビジネスチャンスが広がっているのかもしれない。

日本政府は、2019年5月に「プラスチック資源循環戦略」を策定、2030年までに使い捨てプラスチックを累積で25%排出抑制することや、2030年までに容器包装の6割をリユース・リサイクルし、2035年までに使用済みプラスチックを100%リユース・リサイクルするといった目標を新たに掲げた。だが、ようやくレジ袋規制には乗り出したものの、ペットボトル規制は手つかずで、具体的な対策は示されなかった。

2019年6月に大阪で開催したG20サミットでは、議長国として海洋プラスチック問題を大きな議題として取り上げた。そして世界のビジョンとして、2050年までに海洋プラスチックごみによる追加的な汚染をゼロにまで削減することをめざす「大阪ブルー・オーシャン・ビジョン」を共有した。

しかし、これまで海洋プラスチック問題に取り組んできた環境団体は、このビジョンの「2050年までに」という達成期限が遅すぎると批判している。特に「法的拘束力のある各国のプラスチック使用削減目標設定を含んだ実効性のある枠組みの構築」には合意できなかったことから、海洋プラスチック汚染問題の解決にはなお不十分で、もっと日本は強いリーダーシップを示してほしいと要求している。

日本政府は、ビジョンの実現に向け「マリーン・イニシアティブ」を創設。これは、途上国に対してODAなどの国際協力を通じて、海洋ごみの回収や廃棄物管理のインフラ整備、人材育成などを支援していくというもので、日本の積極的な姿勢を国際社会にアピールした。

だが、ここでも求められているのは、基準年や目標年を明確に定めた具体性のある計画とスピーディーな実行力だ。例えばイギリスでは、環境NGOのWRAPが、英政府、企業、NGOを巻き込んだプラスチックごみ削減宣言「UK Plastics Pact」を世界で初めて発足させ、具体的な目標を定めて行動に移している。

日本の場合もビジョンを掲げたことは評価できるが、問われているのは〝本気〟だ。これまで中国や東南アジアに頼ってきたリサイクル産業の立て直しを、いかにスピーディーに実現できるか、縦割りを超えた廃棄物行政の革新が喫緊の課題だといえよう。

これまで見てきたように、海をきれいにすることは、生態系の保全だけでなく、地球温暖化の進行を食い止めることにもつながる。実際、オーシャン・クリーンアップでは、プラスチックを取り除くことで、海が二酸化炭素を吸収する能力を保つ可能性についての研究にも注目している。

海は、人間活動によって放出された二酸化炭素の30％以上を吸収している。そのメカニズムはいくつかあるのだが、海の表面近くにいるプランクトンが死骸や糞となって深い海に沈降していき、結果として炭素を含む有機物が海底へと運ばれることで、大気中の二酸化炭素が深海に固定される「生物ポンプ」と呼ばれる仕組みも重要なものとなっている。だが、プランクトンがマイクロプラスチックを体内に取り込むと沈みにくくなったり、沈む速度が遅くなったりする可能性があるという。このため、海の炭素吸収能力に悪影響が出るのではないかとボイヤンたちは懸念しているのだ。この他、マイクロプラスチックが海の植物プランクトンの光合成と成長そのものに影響を与えたり、動物プランクトンの発達と生殖に悪影響を及ぼしたりするという研究も発表されているが、未解明なことも多い。

私たちの知らないところで複雑につながり合っている自然の仕組みを維持していくためにも、これ以上のプラスチックごみを海に流入させることは、なんとしても避けなければならない。

嬉しいニュースもある。ボイヤンに続けとばかりに、独創的なアイデアでプラスチックごみ回収に乗り出す若者や、マイクロプラスチックを取り除く技術を発明する若者たちが世界中に現れているのだ。

例えば、アイルランド出身の18歳の天才少年ことフィオン・フェレイラくんは、グーグルが毎年行なっている「グーグル・サイエンスフェア2019」で優勝に輝いた。その画期的な技術とは、油と磁鉄鉱の粉を組み合わせることでマイクロプラスチックを取り除くというもの。1000回のテストの結果、平均87％の除去率であらゆる種類のマイクロプラスチックを取り除くことに成功したという。今後、この技術をスケールアップして、排水処理施設などでの実用化をめざしたいとしている。

世界を変えるイノベーターを発掘して支援する「ロレックス賞」を受賞した若手女性起業家もいる。『フォーサイト』誌によれば、カナダのバンクーバー出身のミランダ・ワンさんは、試行錯誤の末、プラスチックを分解するバクテリアの働きを化学的に再現することで、原油から生産するより低いコストで、廃プラスチックを市場価値40倍の素材に変換できる技術を開発した。ワンさんたちは、この技術を使って、世界のプラスチック廃棄物の3分の1を価値ある素材に変えていくことができると試算している。

この他、砂浜からマイクロプラスチックを除去する掃除機を発明した大学生もいる。いずれも、ボイヤン同様に、海の現状に心を痛め、自ら情熱を注いでイノベーションを起こした若者たちだ。

私たちは、プラスチックという文明の利器を、完全になくして生活することは到底できない。これまでプラスチックがもたらす恩恵を受けてきたという動かしがたい真実には、きちんと敬意を払い、正当な評価をする必要があるのはいうまでもない。さらにいえば、むしろ代替品に置き換えたほうが、環境への負荷が増えるケースもあるのは事実だ。中には、衛生面や強度などの点で、代替素材が全く見つからない分野のプラスチック素材もある。こうしたところに優先的に資源を回していくためには、使い捨てプラスチックの使用を極限まで減らし、より効率的にリサイクルできる仕組みを生み出すことで、このプラスチック汚染の危機を打開していく必要がある。

動きだした企業、そしてイノベーションの意欲に燃えた若者たちの挑戦を心から支援し、一緒に、みんながもっとハッピーになれる〝脱プラスチック社会〟をめざしていけたらと願っている。

この章のポイント

◉フランスでは国民の88%が使い捨てプラスチックの規制に賛成。ニューヨーク市では発泡プラスチック容器に最大1000ドルの罰金。レジ袋に関して何らかの規制をしている国は120か国以上。

◉温暖化の原因となる化石燃料からのダイベスト（投資撤退）だけでなく、プラスチックからのダイベストも視野に。

◉世界の400以上の大企業は「2025年までにプラスチックごみをなくす」共同宣言に署名。ビジネスチャンスとしても捉えており、脱プラに向けた競争が始まった。

◉ 2018年1月1日、中国政府はプラスチックごみの輸入を禁止。日本のプラスチックリサイクルは大きな転機を迎えた。

◉日本の動きは遅く、「海洋プラスチック憲章」に署名しなかったが、オリンピックの年にレジ袋の有料化がスタート。

◉ EUは「循環経済」の実現に向けて、野心的な戦略を強化、グローバルルール・メイキングの主導権を握ろうとしている。

◉日本企業の技術力には世界が注目。

第3章

プラスチックを検出する地質年代に生きて

人新世(アントロポセン)とは何か

「今日の夕飯は、何を食べようか。週末見に行く予定の映画は混んでるかな?」

そんな普段の何げない暮らしを続ける中では、自分がどの〝年代〟に住んでいるかなど正直考えたこともない人がほとんどだろう。せいぜい、私は〝昭和生まれ〟だとか、21世紀になる頃に成人した〝ミレニアル世代〟だとか、日本ではとうとう〝令和〟の時代だね、などなど、一つの区切りを迎えるたびに多少意識するくらいのものかもしれない。

しかし実は、いま私たちは、科学者たちの間で呼ばれているある年代の中で、日々の暮らしを送っている。それは「人新世(アントロポセン)」と名付けられた時代だ。

地球46億年の歴史を紐解くと、地質年代でいえば、爆発的に生命が増殖した5億年ほど前のカンブリア紀や、恐竜が闊歩していたジュラ紀や白亜紀といったように、いくつかの区分があり、現在は1万1700年前に始まった新生代第四紀完新世の時代である、というのがこれまでの定説だった。

ところが、2000年、オゾンホール研究でノーベル賞を受賞した著名な大気化学者のパウル・クルッツェン博士が、とある地球科学の会議でこう叫んだ。

「いまはもう完新世ではない。いまは……いまは人新世(Anthropocene)だ!」

Anthropoというのは、人類を示すアントローポイというギリシャ語が元になった英語で、人新世とは〝人類の時代〟という意味だ。

折しもまさに20世紀が終わる年に開かれていたこの会議。「人間の活動が地球に地質学的なレベルの影響を与えている時代に我々は生きているのだ」という強い思いから発せられたこの言葉は、多くの科学者の共感を呼んだ。２０００年5月、クルッツェン博士は、やはり人新世の名称を独自に考案していた生物学者のユージン・F・ステルマー博士と共著論文『The "Anthropocene"』を発表。その後、環境や文明を語る様々な局面で使用されるようになり、国際地質学会議でも「人新世」を正式に採用するかどうかの検討作業が行なわれているという。

では、人新世はいつからスタートしたのだろうか。

専門家たちの間でも見解が分かれる部分があるが、有力なのは、人新世は１９５０年前後に始まったという説だ。意外なことに農業革命でも産業革命でもない。だが、実際に１９５０年前後を境にして、完新世と明確に区別できるだけの地質学的証拠〝マーカー〟が、数々存在しているからだと科学者たちは考えている。

その一つが、実は、プラスチックだ。未来の地質学者は、地層からプラスチックを検出しながら「ああ、このあたりから人新世が始まっていたのだ」などとつぶやくに違いないという。

もちろん、アルミニウムやコンクリートも見つかるだろう。さらには、１９４５年以降の原爆投下と核実験がもたらした、自然界にはほとんど存在しなかったウランの同位体「ウラン235」も、10万年後にも残る明確な人新世のマーカーとなるだろうが……。

人類の歴史において1950年代から始まったのは、「グレート・アクセラレーション(Great Acceleration)」と呼ばれる人間活動の爆発的な加速だ。人口の増加、グローバル化、大量生産・大量消費、森林伐採など大規模農業による土地利用の変化、巨大都市の出現、そしてテクノロジーの加速は、幾何級数的な変化を引き起こした。これまでにすでに指摘されているように、大気中の二酸化炭素の濃度は過去80万年間で最も高い407ppmにまで上昇し、気温や海水の温度、そして海洋の酸性化や熱帯雨林の激減など、まさに人類の手で地球環境が作り変えられてしまい、そのことがさらに地球環境に影響を及ぼす時代となっている。

あまり想像したくない未来だが、将来の生物学者が地球の歴史を語る時、「人新世は第6の大絶滅の時代だね」という声が聞こえてくる気がする。プラスチックを飲み込んで死んでいったクジラや海鳥たちの化石が、プラスチックとともに地層に刻み込まれる現実は、すでに始まっている。

2019年、IPBESという生物多様性についての国連報告書が新たにまとめられたが、そこでは、人間活動が「以前にも増して、生物種を脅かしている」と断言。調査結果によれば、動植物全体の約25%が脆弱な状態にあるという。そして、約100万種の動植物が「絶滅の危機に瀕しており、その多くは対策が取られなければ、今後数十年以内に絶滅しかねない」と警鐘を鳴らしている。報告書は、絶滅のペースがすでに「過去1000万年の平均と比べて、少なくとも数十倍から数百倍に速まっている」と指摘。白亜紀末の小惑星衝突が恐竜をはじめとする史上5度目の大量絶滅を引き起こしたように、人新世による環境変化が、未曾有の規模となる6度目の大量絶滅を引き起こすのではないかという危惧は、現実のものになろうとしている。

SDGsのウエディングケーキとプラネタリー・バウンダリー

こうした強い危機感から、国連は、2015年にSDGsを、国連に加盟するすべての国の賛成で採択した。

もともとは、2001年に策定された、極度の貧困や飢餓の撲滅などを掲げたミレニアム開発目標（MDGs）の後継として誕生したのがSDGsだ。2030年までに持続可能な世界を実現するための国際目標として、17のゴールと169のターゲットを設定した。

合言葉は「誰一人取り残さない（No one will be left behind)」。その特徴は、途上国だけでなく先進国も取り組む普遍的なものであり、貧困や飢餓、エネルギー、気候変動、教育、ジェンダー平等、平和的社会の構築などの目標のすべてに〝持続可能＝サステナブル〟のSが意識されていることだ。

17の目標は、下図のように多岐にわたるが、いま注目されているのが「SDGsのウエディングケーキ」と呼ばれる概念だ。この概念は、私たちの番組にも出演していただいたヨハン・ロックストローム博士らが提唱したもので、17の目標をまるでウエディングケーキのような形に並べることで、土台となっている地球環境が、いかにすべての目標を支える根幹になっているかを、視覚的に表現したものだ。

すべてを支えるのは、目標の14番の「海の豊かさを守ろう」、15番の「陸の豊かさも守ろう」、そして6番の「安全な水とトイレを世界中に」、13番の「気候

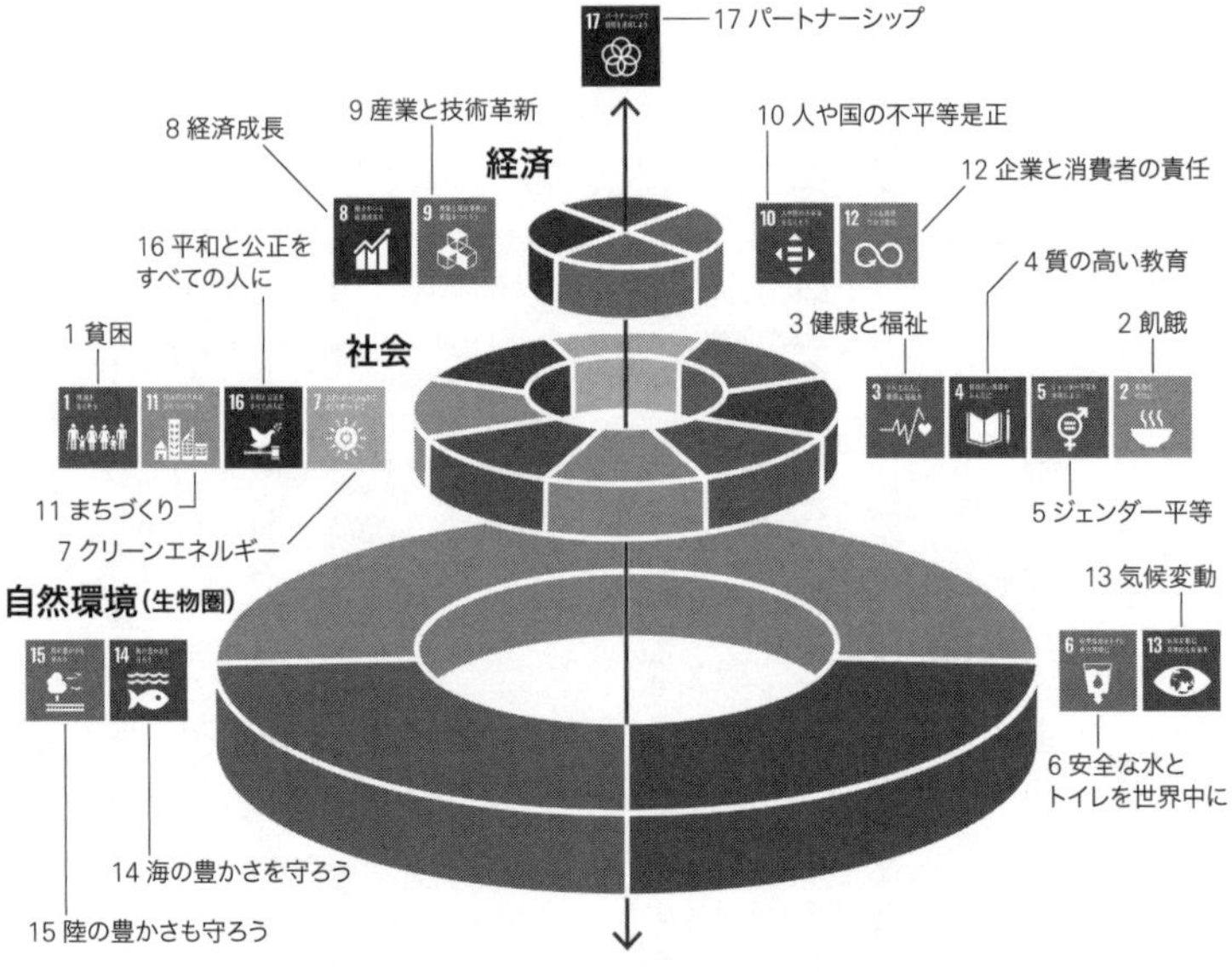

illustrated by Johan Rockstorm and Pavan Sukhdev
(出典 Stockholm Resilience Centre)

変動に具体的な対策を」という〝環境〟に関わる目標だ。生物圏（バイオスフィア）といわれるゾーニングでもある。

その上に〝社会〟の目標が乗っかっている。1番の「貧困」や2番の「飢餓」、3番の「健康と福祉」や4番の「質の高い教育」、さらには5番の「ジェンダー平等」や7番の「クリーンエネルギー」、11番の「まちづくり」や16番の「平和と公正をすべての人に」の目標もここにある。

そしてその上に〝経済〟に関わる目標がある。8番の「経済成長」や9番の「産業と技術革新」、10番の「人や国の不平等是正」や12番の「企業と消費者の責任」といったものだ。

真ん中を貫いているのは、17番の「パートナーシップ」だ。もちろん、この概念図は、目標のそれぞれに優先順位があるということを示しているわけでは決してない。ただ社会や経済の持続可能な発展のためには、安定した気候に支えられた豊かな地球環境が欠かせない、という当たり前のことを提示しているにすぎない。

この背景には、ロックストローム博士が2009年から提唱してきた「プラネタリー・バウンダリー（地球の限界）」という考え方がある（次ページ下図参照）。博士らの国際的な研究チームは、人間が地球環境に与える影響を9つの分野で表現し、影響の程度が境界を超えると人間が安全に活動できなくなるという、いわば地球の防衛ラインを示した。9つの領域は相互につながり合っているが、中でも生物多様性については、絶滅の速度はすでに危険なレッドゾーンに達している。同じくレッドゾーンにある窒素やリンの循環は、現在、人間活動によって富栄養化が進み、赤潮や青潮を引き起こしたり、デスゾーンと呼ばれる水中の酸欠状態をもたらしたりしており、このことがさらなる生物多様性の喪失につながると見られている。

イエローゾーンにあるのは、地球の炭素循環に大きな影響を与えている森林の喪失など土地利用の変化と気候変動だ。気候変動についてロックストローム博士が懸念しているのは、森と海による二酸化炭素の吸収が限界に達し始めているのではないか、という悪い兆候だ。

気候変動が悪化すると、今はグリーンゾー

地球の限界（プラネタリー・バウンダリー）による地球の状況

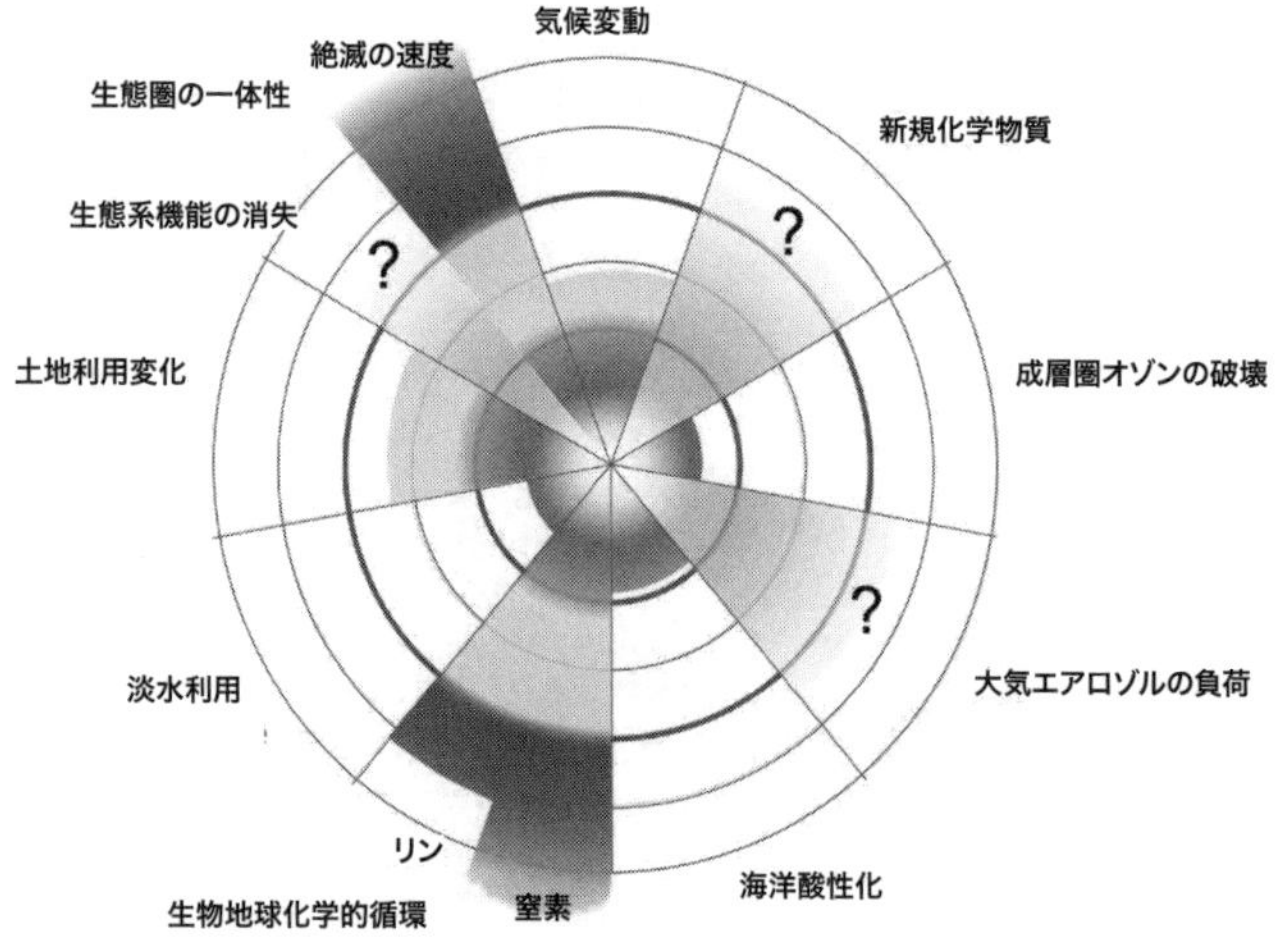

不安定な領域を超えてしまっている（高リスク＝一番外側のレッドゾーン）、不安定な領域（リスク増大＝地球の限界に近いイエローゾーン）、地球の限界の領域内（安全＝グリーンゾーン）で評価した「地球の限界」。ただし、「新規化学物質」と「大気エアロゾルの負荷」「生態系機能の消失」については不明な点が多いためグレーゾーンとなっており、安全な領域とはいえない
（出典 Steffen et. al, 16 January 2015, Science）

ンに収まっている淡水利用や海洋酸性化も、確実に悪化して危険水域に入っていくと考えられている。しかも、新規化学物質や大気エアロゾルの負荷による影響は、まだ地球規模のデータがないが、リスクが高いと見られている領域だ。いずれもレッドゾーンに入ってしまえば、後戻りのできない〝回復不能な変化〟を引き起こしかねない。

だからこそ、ロックストローム博士はSDGsのウエディングケーキ構造を示し、地球環境こそが土台にあるということを強調しているのだ。

しかし、この考え方は日本の某経済団体にはひどく不興だったようで、環境問題を長年報道してきた共同通信の井田徹治編集委員によれば、こんなエピソードがある。

環境省の中央環境審議会で議論が重ねられ、2018年4月に閣議決定された第五次環境基本計画。議論の中で、井田さんは、ロックストローム博士のプラネタリー・バウンダリーやウエディングケーキ構造に触れ、今回の基本計画では、地球の限界の中でしか我々の経済活動や社会活動はなしえないという考え方にまで踏み込むべきだと考えた。これまでは、環境保護のための規制が経済成長の足かせにならないように、「環境と経済の両立」といわれてきた。しかし、現在は人間活動が地球に与える影響はすでに限界に達している。それを踏まえた新しい基本計画を作るべきだと訴えたのだ。

だが産業界の代表からは、強い批判を浴びたという。「プラネタリー・バウンダリーは単に一つの研究にすぎず権威がない。基本計画には記載すべきではない」という意見が相次いだ。ただ、この批判に対しては、別の委員から「この研究はすでに複数の主要な科学雑誌に掲載されている」「SDGsのガイドラインのホームページにも、この概念を紹介している」などの反論が出て、結局、基本計画のなかに「プラネタリー・バウンダリー」の説明は残った。だが、文面は野心的とはいえないものに後退していったという。

産業界からあった根強い意見は、「環境と経済と社会のバランス」という考えだった。例えば、「環境がすべての根底にあり、その基盤上に持続可能な経済活動、社会活動が依存している」というくだりに対し、井田さんは危機感を表現する重要な部分だと指摘したが、産業界からは異論が出て、「すべての根底にあり」の表現は削除された。

結局、危機感や環境第一、パラダイム転換についての表現は薄まり、「環境・経済・社会の統合」というようなところに落とし込まれ、昔ながらの「経済も環境も両方大事ですね」という、これまでの環境基本計画と同じトーンになってしまったのだという。

いかにも日本的な決定のプロセスだが、実は、海外のビジネス界はとっくの昔に、「環境と経済の両立」という表現ではないフェーズに突き進んでいる。

シャンプーや洗剤、化粧品から食品までを扱う世界的な消費財メーカー、ユニリーバのCEOを務めたポール・ポールマン氏は、よくこういう例えをしていたという。

「ピッチがなければ、サッカーの試合はできない」

これは「地球環境という土台が整っていなければ、どんなビジネスも成り立たない」ということを表す言葉で、「ビジネスとサステナビリティの間にトレードオフ（相反）はない」とまでも言い切っている。つまり「環境か経済か」という考え方では、今後の成長は望めないというのだ。ポールマン前CEOは、「環境負荷を減らし、社会に貢献しながら、ビジネスを成長させる」というビジョンを提唱。成長とサステナビリティを両立するビジネスプラン「ユニリーバ・サステナブル・リビング・プラン」を導入した。

確かにピッチがなければ、試合はできない。まさにラグビーワールドカップの試合は、2019年10月に日本を襲った台風19号によって2試合が中止され、4年に一度のイベントであるにもかかわらず、試合そのものを開催することができなかった。

それどころではない。温暖化によって巨大台風に発達したこの台風19号によって、東日本各地に夥しい犠牲と甚大な経済被害が出た。11月時点で、死者は93人、行方不明者は3人。住宅の浸水被害は8万7000棟を超えて前年の西日本豪雨の被害を上回り、堤防の決壊は7県の71河川140か所、氾濫河川は16都県の延べ301河川に上った。

中でも象徴的だったのは、千曲川の氾濫で4メートル以上も浸水してしまった北陸新幹線の車両基地の姿だ。物流は寸断、最新鋭だった車両は10編成計120両が被害に遭い、すべて廃車になることが決まった。うち8編成を有するＪＲ東日本は、運行本数の減少なども含め、現時点での被害額が少なくとも４７８億円に上る見通しを明らかにした。

この他にもサプライチェーン全体への経済被害は深刻で、農業被害額は、２０１９年の11月現在で３６００億円を超えた。一連の台風被害への保険金支払額は2兆円を超えると見られている。これこそ、まさに「環境か経済か」あるいは「環境と経済の両立」といった従来型の思考ではもはや立ち行かなくなっているほど、人新世の地球環境が激変していることの現れなのではないだろうか。

温暖化の被害予測は戦争以上に

このまま温暖化が進めば、リーマンショックや第二次世界大戦並みの経済被害を引き起こすことが研究からも分かっている。

すでに被害は深刻化している。国連によれば、２０１８年は異常気象による被災者が多く、洪水や干ばつ、暴風雨、森林火災などにより、世界の５７３０万人に影響が及んだという。

米保険会社エーオンの調べでは、２０１８年の自然災害による世界の経済損失は、２２５０億ドル（約25兆円）に上った。このうちほとんどにあたる２１５０億ドルは、台風や洪水、干ばつなど異常気象を含む気象災害が原因だ。日本でも関西空港が浸水した9月の台風21号や、260人以上が亡くなった西日本豪雨の二つの災害だけで経済被害の合計は2・5兆円に達する。これに伴い、国内の損害保険会社による18年度の自然災害の保険金支払額は1・7兆円と過去最高となった。

気候変動による企業の倒産も現実のものとなっている。カリフォルニア州の電力大手パシフィック・ガス・アンド・エレクトリック・カンパニー（PG&E）は、2019年1月、連邦破産法11条に基づき破産を申請。自社の送電線がカリフォルニア州で起きた巨大な山火事の火元となり、巨額の債務を抱える見通しとなったからだ。異常気象による山火事が想定外の規模に達したことが致命傷となってしまった。

現在でさえも、ここまで凄まじい経済被害が出ているというのに、将来はいったいどうなってしまうのだろうか。

日本の研究者グループが2019年秋に発表した「気候変動の緩和策と適応策の統合的戦略研究」によれば、このまま対策が取られずに気温の上昇が4度を上回るような最も悲観的な将来の仮定のもとでは、21世紀末における地球温暖化による被害額は世界全体のGDPの3・9～8・6%に相当すると推計。一方、パリ協定の2度目標を達成し、かつ地域間の経済的な格差などが改善された場合には、被害額は世界全体のGDPの0・4～1・2%に抑えられるという。

現在、世界のGDPの合計は約8800兆円だが、こうした研究は、対策を取らなかった場合の気候変動の経済影響がいかに深刻なものになるかを、私たちに突き付けている。

なんだか温暖化地獄のお化け屋敷のようになってきたが、こんな報告書も出されている。

豪メルボルンの独立系シンクタンク「ブレイクスルー」の研究では、2050年には、世界人口の55％が年20日程度、生命に危険が及ぶほどの熱波に襲われ、20億人以上が水不足に苦しめられる。食料生産量は大幅に減り、10億人以上が他の地域への移住を余儀なくされる。最悪の場合、人類文明が終焉に向かうリスクがあるというのだ。

あなたは、これらの実際に起きている経済被害と将来予測について、どう感じただろうか。

「環境こそが土台にある」というビジョンは、必須のものだと私は考える。正直、これまで見てきた通り、それぞれの企業は、すでにそのことに気づき、様々な外圧もあって経営戦略を変え、行動を起こし始めている。日本の経済団体も、SDGsの実現を打ち出し、17色のカラーが輝くSDGsバッジをスーツに着けて「地球環境を守ろう！」とおっしゃるのなら、この地球の非常事態に立ち向かうためにはごく当たり前のはずのSDGsのウエディングケーキにケチをつけている暇はないのではないかと思う。

実際、世界の大手企業は、気候変動対策を自社の経営計画のメインストリームに置き始めている。気候変動問題に取り組むイギリスのNGOであるCDP（旧カーボン・ディスクロージャー・プロジェクト）の報告書によれば、アップルやJPモルガン・チェース、ネスレといった世界最大手の企業215社は、今後5年以内に気候変動が事業に影響を与えるリスクがあると考えている。大手企業が見積もっている累計損失額は1兆ドルにも上る。

一方で、各企業は、気候変動に適応することはビジネスチャンスにもなると考えている。報告書では、その利益の総額は2兆ドルを超えていると分析。この「チャンスがリスクを上回っている」という点こそが、企業が気候変動対策に取り組むインセンティブとなっているのだ。

「イノベーションへの期待」だけでいいのか

ここまで、循環経済への移行も含めた〝脱プラスチック〟〝脱炭素〟への転換が待ったなしであるということを、主に世界の動きから見てきた。

ここで少し「技術革新＝イノベーション」について考えてみよう。〝技術革新〟が環境問題の様々な分野でカギを握っていることは本書でも度々取り上げ、その重要性は明らかだ。だが、このところの脱炭素社会に向けた日本の方針を読み解いていくと、なぜだか過剰なまでに「技術革新」や「非連続のイノベーション」という言葉が登場し、奇妙に感じることもある。

例えば、政府が2019年6月に閣議決定した「パリ協定に基づく成長戦略としての長期戦略」では「我が国は、これまでの延長線上にない非連続なイノベーションを通じて環境と成長の好循環を実現し、温室効果ガスの国内での大幅削減を目指すとともに、世界全体の排出削減に最大限貢献し、経済成長を実現する」として真っ先にこの言葉が登場し、以後、重要な視点として何度も繰り返し語られている。

一方、京都市で開かれた科学技術に関する国際会議で安倍総理大臣が行なった基調演説では、海洋汚染の問題ではプラスチックを敵視するのではなく、必要なのはごみの適切な管理だと指摘し、技術革新の面を重視して問題解決を図るべきと強調した。「私たちは20世紀が生んだ偉大な発明のいくつかを誇りに思うべきで、プラスチックはその一つだ。プラスチックはこの先も必要なもので、敵視したり、その利用者を排斥したりすべきではない」と指摘。そして「必要なのはごみの適切な管理で、イノベーションに解決を求めることだ」と強調し、日本が始める海洋ごみを含めた廃棄物管理に関する途上国支援でも、技術革新の面を重視して支援に取り組む考えを示した。

イノベーションに解決を求めることは、もちろん大事だ。だが、常に意識しておきたいのは、現在の技術でも実現可能な対策も膨大にある、ということだ。そこをきちんと踏まえ、大胆な実行策を取った上での、〝イノベーションへの期待〟であることが肝要だろう。

今回の海洋プラスチック問題だけでなく、温室効果ガスの削減目標でもそうなのだが、野心的で具体的な数値目標を掲げることなく「技術革新＝イノベーションに期待する」というのは、いささか虫のいい話とも取られかねない。しかも〝非連続の〟がつくと、いわば今後、中長期的に起きてくるノーベル賞級の画期的な大発明やイノベーションによって解決策を模索しようという本音、つまり、既存の仕組みをガラリと変えるのではなく、いまのままの環境と経済の両立路線を維持しながら、ガツンと将来のブレイクスルーによって目標を達成すればいいではないかという、〝問題を先送りしたい〟気持ちが透けて見えてしまう。

日本は、今世紀後半できるだけ早期に「脱炭素社会」の実現をめざし、２０５０年までに温室効果ガスの80％削減に大胆に取り組む、という目標を掲げている。だが、そこに至る具体的な道筋はあまり見えてこない。パリ協定で日本が約束しているのは、温室効果ガスの排出削減目標を２０３０年度に２０１３年度比マイナス26％（２００5年度比マイナス25・4％）にすることだけであり、26％から80％までどう削減していくのかは不透明なのだ。しかも、現在も石炭火力発電所の新設を続け、東南アジア諸国にも石炭火力発電所を輸出しようとしている日本の姿勢は、パリ協定の目標との整合性がないと厳しく批判されているのが実情だ。

一方、イギリスは２０５０年までに二酸化炭素などの温室効果ガスの排出量を実質ゼロにする法案を２０１９年6月に可決。パリ協定の目標をより一層強化している。

パリ協定と1・5度報告書の衝撃

国際社会にとって極めて重要な合意である「パリ協定」について、改めておさらいしよう。

2015年12月、国連気候変動枠組条約締約国会議（通称COP）の第21回締約国会議がパリで開かれ、国際社会は人類の共通目標「パリ協定」に国連加盟国の全会一致で合意した。先ほど紹介したSDGsも2015年に誕生したことから、持続可能な地球をめざす〝双子〟と呼ばれることもあるパリ協定は、一言でいえば「世界の平均気温の上昇を産業革命以前に比べて2度より十分低く保つとともに、1・5度に抑える努力を追求する」という人類の合意だ。

この2度目標を達成するためには、できるかぎり早く世界の温室効果ガス排出量をピークアウトし、21世紀後半には、温室効果ガス排出量と森林などによる吸収量のバランスをとることで、排出量を実質ゼロにする必要がある。当時はあくまで2度がターゲットで、1・5度目標というのは、水没の危機が迫っている小島嶼国などの強い要望があって盛り込まれた努力目標にすぎない、と考えられていた。実際、パリ協定で各国が約束している目標の削減量を積み上げても3度上昇してしまうことから、2度でも難しいのに、1・5度なんて……という本音もあちらこちらで聞こえてきたくらいだ。

パリ協定の成立を受けて、国連気候変動枠組条約では「では、2度上昇と1・5度上昇では、どれくらい温暖化に与える影響が異なるのか、科学的に取りまとめてほしい」というリクエストをIPCCに出した。これを受けて発表されたのが、2018年10月の特別報告書『1・5度の地球温暖化』だ。

ところが、この報告書の内容は、衝撃的なものだった。

1・5度と2度では温暖化の被害が大きく異なることが詳細にリポートされ、2度上昇したほうが深刻な影響が出ることがデータで示された。だが、世界が一番驚いたのは「地球の平均気温はすでに産業革命前から1度上昇し、このままのペースで温暖化が進めば、早ければ2030年にも1・5度に到達してしまう可能性がある」という事実だった。

そもそも2度目標にしろ、1・5度目標にしろ、

2018年10月に発表されたIPCCの特別報告書『1.5度の地球温暖化』では、早ければ2030年に産業革命前と比べて1.5度上昇すると予測。パラダイムシフトの必要性を訴えている

ターゲットにしていたのは、今世紀末2100年での気温上昇だ。率直にいって私は生きていないし、この本をお読みの皆さんの大多数も生きてはいないかもしれない（もちろん、現在、学生だったり、比較的若い世代の皆さんは、超長寿の時代だから十分可能性があるが）。温暖化対策の重要性がいまひとつ人々に響かないのも、この「どうせ遠い将来の出来事だから」という思い込みが強いせいだと私は個人的にも感じていた。だが、2030年に1・5度上昇というのでは、どうだろうか。

「あと10年、ってこと？　私もバッチリ現役じゃない。まだまだ生きる気満々なのに、もう1・5度に達してしまうって、どういうことなの？　何が起こるの？」

そんな疑問が次々と湧き起こって、いままで感じたことのない恐怖が迫ってきた。

折しもこの報告書が発表された2018年の日本では、7月には西日本豪雨に見舞われ、九州や中国地方など広い範囲で大水害が起こり、死者・行方不明者が260人を超え、家屋の全半壊などが2万棟以上、浸水した家屋が約3万棟という極めて甚大な被害が広範囲で発生していた。岡山県の倉敷市真備町だけで51人が犠牲となり、その映像は強く目に焼き付いていた。その後の台風21号では、人と物のハブである関西国際空港が高潮で浸水。滑走路が閉鎖、タンカーの衝突で連絡橋も不通となり、多くの利用客らが一時孤立した。

これは本当に2010年代の現実なのだろうか。関空が浸水したというNHKのニュースを見ながら私は、めまいがするような不思議な感覚にとらわれていた。

私は、これまで数多くの気候変動についての番組を制作する中で、国連と一緒に温暖化防止のキャンペーンにも取り組んできた。2014年には、気象キャスターの井田寛子さんと一緒に「2050年の天気予報」という5分のミニ番組を作り、このまま温暖化対策をしないと、2050年には風速60メートルのスーパー台風や、防潮堤を軽々と超える高潮が襲いかかり、都市のインフラが麻痺する。そんなささかSFチックなコンピュータグラフィックスで、未来の温暖化リスクを〝予報〟した。他の番組でも、上海空港が海面上昇による高潮で水没しているCGを紹介したことがあった。だが、目の前で起きているのは、まさに関空が浸水し、高波に煽られて橋桁にタンカーが激突、人々が右往左往する地獄絵図だった。

「これって本当にリアル？　ちょっと早すぎはしないか？」

もちろん、異常気象というのは確率論であるわけだから、自然の揺らぎといわれる条件が重なり、たまたまこの年に限って、数十年に一度の大規模な被害が生じることもありえるだろう。だが、それからたった1年しかたたない2019年の日本は、またもや数十年に一度の災害に相次いで見舞われた。

9月9日に千葉県を襲った台風15号は小型ながら観測史上最強クラスの勢力を保って上陸、千葉市で57・5メートルもの最大瞬間風速を観測し、1966年に統計を取り始めてから最も強くなった。至るところで電柱が無残になぎ倒され、停電が長期化し、人々の暮らしに甚大な影響が出ていた。この時も私は「そういえば、2050年の天気予報では、高圧電線がポッキリ折れて倒れるCGを使ったけど、本当に折れるんだ……」と驚きを隠せなかった。

そしてわずか1か月あまりあとの10月12日、今度は、直径が650キロメートルにも及ぶという巨大台風19号が上陸。東日本各地で同時多発的に河川が氾濫した。

さらに10月下旬には、続けざまに台風21号が千葉県や福島県に記録的な大雨をもたらした。3つの台風を合わせて、死者・行方不明者は、100人を超える。まさに、数十年に一度の、これまで経験したことのないような災害が毎年のように襲いかかる〝異常気象〟の脅威が、私たちの目の前で現実のものになっていた。科学者たちは、温暖化による海水温の上昇がもたらした水蒸気量の増加が、こうした台風や雨雲の勢力強化の要因になっていると分析している。


国連の特別報告書に話を戻そう。これほどの被害が、わずか1度の気温上昇ですでに起きているのだ。これが1.5度になり、2度になり、3度、4度となっていったら、いったいどれほどの被害が起きるのか。

気候変動はいわば地球の物理法則で進んでいく。IPCCの科学者たちによれば、温暖化の原因となる二酸化炭素などの温室効果ガスの排出量と気温上昇には正比例の関係があり、つまり、出せば出しただけ気温は上昇していくことが新たに判明したという。当たり前のことのようだが、これは大変な事実だ。1度上昇すると、水蒸気量が7％増すことも分かっている。雨の量が増えるのは必然なのである。これは物理というより、子どもでもできる算数だ。

そして、いままでブラックボックスだった海の温度も次第に判明してきた。地球の面積の約7割を占める広大な海は、これまで密かに熱を吸収することで、気温の上昇を食い止める役割を果たしてきた。しかしこのところ、どうも3000メートルを超える深海までかなり温まっており、海水温が下がらない傾向がある。海は、ゆっくりとしか温まらない代わりに、いったん温まってしまうと冷めにくい特性があるのだ。いわば日本近海の海は、まるで魔法瓶のような浴槽に温水が蓄えられている状況で、この先も温暖化が進行すれば、ますます大量の水蒸気を供給する源になってしまうのだ。

地球はすでに気候非常事態　1・5度が意味するもの

現状の被害を目の当たりにすると、これはすでに気候非常事態だ。これ以上の悪化は、なんとしても食い止めなければならないという思いが強くなってくる。

実はパリ協定が締結されてからのこの5年ほどの間にも、日本だけでなく世界各地で異常気象が相次ぎ、水害だけでなく、巨大な森林火災や干ばつが頻発、グリーンランドや西南極の氷床、アルプスやヒマラヤの山岳氷河は加速度的に溶けている。沖縄やグレートバリアリーフなどのサンゴ礁では、高温によるサンゴの白化が進み壊滅的な打撃を受け、まさに絶滅の危機に直面している。

こうした中、発表されたIPCCの特別報告書は、世界が温暖化対策を〝急速強化〟しなければ大変なことになると強い警鐘を鳴らしているのだ。

そして、気温の上昇を1・5度未満に抑えるために必要なのは「エネルギー、土地、都市、インフラ、および産業システムにおける、急速かつ広範囲な変革・移行」、つまり、文字通り前例のない規模とスピードでの〝パラダイムシフト〟だと断言。2030年までに二酸化炭素の排出をほぼ半減し、2050年までに排出を実質ゼロにする必要があると指摘している。

これは相当厳しい数字だ。2度目標では今世紀後半に実質ゼロとされていたが、四半世紀も前倒しにしなければ1・5度目標は達成できないことを意味しているからだ。そのためには、まさに〝総力戦〟が必要で、プラスチック文明からの脱却も含めた「脱炭素文明」への転換なくして、人類文明の存続は難しいことを、報告書は私たちに突き付けたのだ。

なぜ、これほどまでに1・5度が重要な数字なのか。

実は、2018年に発表されたロックストローム博士らの国際研究「ホットハウス・アース

（灼熱地球）」という新しい科学理論も、1・5度目標の重要性を際立たせている。

地球の平均気温が産業革命前と比べて1・5度上昇すれば、私たちの暮らしに大きな影響を及ぼす異常気象が増えることはもちろんだが、それ以上に深刻なのは、気温が1・5度を超えてさらに上昇していくと、地球のシステム全体にとって取り返しのつかない変化が起きるスイッチボタンが、いつ自動的に「オン」に押されてしまってもおかしくない状況に陥るというのだ。

いったいどういうことなのか。詳しくは、本書の第4章でご紹介するロックストローム博士自身の言葉をお聞きいただきたいが、やや専門的で難解なので、あらかじめ学習しておこう。

実は、地球の物理的なシステムは、ある一定内の温度変化に対しては、予測可能な変化しか引き起こさないが、閾値と呼ばれる危険水域を超えると、突如として別の状態に変化し、以降、人間がどんなに努力を重ねても元には戻らないような「不可逆的な変化」を引き起こすメカニズムを持っているという。

例えば、ある閾値を超えると、グリーンランドの氷床の融解がどうやっても止まらなくなり、数百年以上の歳月がかかるもののすべての氷が溶けてしまい、海面を6メートル以上も上昇させてしまうようなメカニズムだ。

「ティッピングポイント」とか「転換点・臨界点」と呼ばれるこの閾値の温度が正確に何度な

のかは、まだ正直、分かっていない。これまでは、グリーンランドの氷床融解でいうとおそらく1度から4度上昇のどこかだ、と見られてきた。だが、最新の研究では、どうやら1・5度から2度の間に、このティッピングポイントがあるのではないかと分析する科学者もいる。

何より恐ろしいのは、この後戻りできない変化が、氷の融解にとどまらないことだ。いわばドミノ倒しのような悪夢の連鎖が始まってしまうのだ。

例えば、北極海を覆っていた白い氷が溶けてなくなり、より黒っぽい色をした海に変わる。すると、これまで白い氷が太陽光を宇宙へ跳ね返すことで気温の上昇を防いでいたのが、黒っぽい海が熱を吸収するようになり、より一層気温が上昇する。すると、シベリアやアラスカなどの永久凍土に閉じ込められ眠っていたメタンガスが解き放たれ、二酸化炭素の25倍という高い温室効果によって温暖化が一層加速する。気温の上昇は、より海を温めることにつながり、ジェット気流や水蒸気の流れを大きく変えてしまう。これによって、例えば、熱帯雨林として膨大な二酸化炭素を吸収してきたアマゾンの森林が持続不可能になり、サバンナに激変してしまう。そのことがますます二酸化炭素を増やし、さらに気温は上昇。地球はホットハウス・アースと呼ばれる灼熱地球の状態で安定化してしまい、熱波が頻発、食料生産や水資源の危機も深刻化し、人類が暮らしていけないほどの惑星へと変貌してしまうという予測だ。

そして、この気温上昇はやがては、南極大陸全体の氷床の融解を引き起こすという。もちろん、そんな事態になるには長い時間がかかるわけだが、いったん氷が溶けるのが止まらなくなると、海面は60メートル以上も上昇するまでひたすら溶け続ける。それは、小さな島国の水没はもとより、海沿いに巨大都市を築いてきた人類文明の崩壊につながりかねない強烈な被害だ。気温上昇1・5度が早ければ2030年にもやってくる可能性があるということは、その悪魔のスイッチを我々の世代で押してしまう危険性があるということなのだ。

科学者たちは、1・5度の防衛ラインを超えて気温が上昇を続けていくと、もしかすると2度前後でこのホットハウス・アースに向かうスイッチが入る可能性があるのではと危惧している。正直、未知数の要素も多く、まだ科学的に分からないこともたくさんある。だがそれは、さらに予測が早まる恐れすらあるということでもある。例えば、アマゾンやインドネシアの熱帯雨林の森林火災の頻発のように、開発による人為的な火災で一層膨大な二酸化炭素が排出されれば、こうしたドミノ倒しが加速してしまう恐れもある。

「2度では危険だ。何としても1・5度未満に抑えなければならない」

国連だけでなく、世界のビジネス界もついに1・5度を目標にすると宣言し始めた。わずかこの1年で、1・5度が世界の共通目標になろうとしている背景には、このホットハウス・アース理論が大きな影響を与えているのだ。

16歳の少女グレタ・トゥーンベリさんの訴え

こうした中、2019年9月、ニューヨークの国連本部では、温暖化対策サミットが開かれた。2020年から本格スタートするパリ協定で、もっと野心的な削減目標を掲げてもらおうと、アントニオ・グテーレス国連事務総長は、実行力のある具体的な目標の引き上げを呼びかけ、会場には世界各国の首脳たちが顔を揃えた。

世界のトップを前にスピーチしたのは、スウェーデンの16歳の少女グレタ・トゥーンベリさん。実際に温暖化の被害を受ける当事者が語った涙と怒りの演説は、世界中に大きな衝撃を与えた。

グレタさんは、2018年の8月、生まれ育ったスウェーデンの議会の前に座り込み、たった一人でプラカードを掲げた。書かれていた言葉は「気候のための学校ストライキ」。この年、スウェーデンでも過去に前例のない規模の山火事が森林を焼き、住宅に迫っていた。グレタさんは、8歳の時に温暖化の問題に関心を持つようになった。学ぶほどに事態が深刻なことが分かり、食事が喉を通らなくなったこともあった。アスペルガー症候群と診断されているグレタさんは、社交的ではないが、集中できるものには特別な興味を持ち続けるという。気候変動によって自分たちの未来が奪われるという恐怖を感じたグレタさんは、この問題をとことん考え抜くようになった。そして毎週金曜日、学校を休んで、たった一人のストライキを決行、気候変動を食い止めるためにアクションを起こそうと大人たちに訴えるようになったのだ。

その行動は、気候変動による被害の当事者となる若い世代の共感を生み、SNSでの発信は、瞬く間に世界中に広がっていった。2018年のCOP24では「あなた方は、自分の子どもたちを何より愛していると言いながら、その目の前で子どもたちの未来を奪っています」と辛辣にスピーチ。翌年1月のダボス会議では、地球の状況をこう例えた。「私たちの家は火事になっています。家が火事になった時のように行動してください。実際にそうなのですから」

グレタさんが呼びかけたストライキ「Fridays For Future 未来のための金曜日」の賛同者は世界各地で増え続け、5月には180万人を超えて一大ムーブメントに成長していった。

グレタさんの語る率直な言葉は、温暖化対策を口では唱えながら、実際に二酸化炭素を減らすことなく今日まで歩みを進めてきた大人たちにぐさりと突き刺さった。その後も、英国議会やフランス議会、EU議会などからも招かれ、次々とスピーチを行なった。

ニューヨークで開かれる国連の温暖化対策サミットにも招かれたが、出席するためには海を渡らなければならない。二酸化炭素を大量に排出する飛行機に乗ることを拒否しているグレタさんが選んだ手段は、ソーラーパネルを付けたヨットのチームと一緒に大西洋を横断することだった。16歳の少女は、生まれて初めてのヨットでの航海に果敢に挑戦。イギリスを出発し、15日かけてニューヨークに到着したのだった。

そして、9月20日の金曜日に行なわれた世界規模のストライキでは、なんと400万人を超える人々が集結した。口々に「気候正義＝クライメート・ジャスティス」を叫びながらプラカードを掲げ、町を練り歩いた。ニューヨーク、ジャカルタ、メルボルン、ベルリン、イスタンブール、サンティアゴ……世界中の大都市から小さな村々に至るまで、185か国で人々は声を上げた。

「何が欲しい？　クライメート・ジャスティス！　いつ？　いますぐ！」

温暖化のデモで一番よく聞かれるこの掛け声。クライメート・ジャスティスというのは、温暖化問題の根幹をなす言葉だ。

これまで温暖化の原因となる二酸化炭素を出し続けてきたのは、先進国や化石燃料産業など豊かさを享受してきた人々だ。にもかかわらず、温暖化の被害を真っ先に受けるのは、二酸化炭素をほとんど排出してこなかった貧しい途上国の海岸線に住む人々や、干ばつや水害によって住処を奪われたり、食料危機や水不足に直面したりする弱い立場にある人々だ。その不公平に対する憤りが、気候正義という言葉なのだ。

さらに今回、グレタさんたち未来に被害をこうむる世代が立ち上がったことで、気候正義は世代間の不公平に対する抗議の声を象徴する概念となった。特に、まだ選挙権を持たない若者は、大人がグズグズして必要な温暖化対策をスピーディーに取らなかったことで、未来を生きる自分や自分の子どもたちの世代が甚大な影響を受けるのはアンフェアではないか、と声を上げているのだ。

この日、ニューヨークのデモに参加したのは25万人。ニューヨーク市は、子どもたちが学校を休んでストライキに行くことを公式に許可。親子連れも含め、膨大な数の若者たちが、気候変動へのアクションを求めて訴えた。

それにしても、日本ではあまりなじみがないが、数十万が声を上げるというのは、凄まじいパワーがある。今回のニューヨークのデモは『クローズアップ現代プラス』の放送準備のため行くことができなかったが、2014年にニューヨークで開かれた気候サミットの際には、私自身も現地でデモ行進を取材し、そのエネルギーを目の当たりにした。

セントラルパークをスタートしたデモは、ゆっくりと平和裏にニューヨークの目抜き通りを進んでいく。人、人、人……五番街もタイムズスクエアも、手作りのプラカードを掲げ、地球やホッキョクグマの着ぐるみを着た若者で溢れかえり、すべての行進が終わるまでに5時間以上かかるほどだった。

あの時は、この数十万人の声が後押しして、合意困難ともいわれていたパリ協定を実現させることができた。だが、その後も温室効果ガスの排出は減るどころか増え続け、アメリカに至っては、オバマ大統領が合意したパリ協定からの脱退をトランプ大統領が宣言した。もちろん、にもかかわらずビジネス界が変わり始めたといういいニュースはあるものの、依然として世界各国の削減目標を足し合わせても1・5度目標の実現には程遠いのが実情だ。

科学のもとに団結する "Unite Behind the Science"

先ほど、二酸化炭素の排出量と気温上昇は正比例しているというIPCCによる新知見をお伝えしたが、科学者たちは、そこから計算して、排出できる二酸化炭素の量を割り出した。これはカーボンバジェット（炭素予算）と呼ばれる考え方で、気温の上昇をこれくらいに抑えるには、残りこれくらいの二酸化炭素しか放出できない、ということが科学的に自ずと明らかになっている。このカーボンバジェットの計算に基づく数字は、温暖化対策のベースになっていて、グレタさんも度々引用している。

グレタさんのことを〝大人に操られている〟などという心ない大人がいるが、私の見るところ彼女はそういう子どもではない。むしろ自分自身で、1・5度特別報告書などの科学的な資料をしっかり読み込み、カーボンバジェットなどについても極めてよく勉強している。一度も報告書を読んでおらず、被害が深刻化する頃には生きていない可能性の高い大人が批判するのは、正直おこがましい気がする。

特にグレタさんが大事にしているメッセージは「科学者の声を聞け！」ということだ。「私の声は聞かなくていいので、科学者の声を聞いてください」とまで言って、度々その重要性を訴えている。ニューヨークの25万人のデモ行進の際にも、こう呼びかけた。

「科学のもとに団結し、危機が悪化するのを防ぐために、あらゆる手を打とう！」

この、科学のもとに団結するという言葉“Unite Behind the Science”は、グレタさんのキャッチフレーズにもなっているのだ。

9月23日、ニューヨーク国連本部。

いままでにないヒリヒリするような緊張感がみなぎる中、グレタさんは、目の前にいる世界の首脳たちに向かって、ひときわ鋭い言葉を投げかけた。長い三つ編みを左肩に垂らし、ピンク色のチュニックにジーンズというたちの少女が放った強烈な4分間のスピーチ。せっかくの機会なので、その全文をNHKニュースの翻訳で紹介しよう。

グレタ・トゥーンベリさんの国連スピーチ　2019年9月23日

私が伝えたいことは、私たちはあなた方を見ているということです。そもそも、すべてが間違っているのです。私はここにいるべきではありません。私は海の反対側で、学校に通っているべきなのです。

あなた方は、私たち若者に希望を見いだそうと集まっています。よく、そんなことが言えますね。あなた方は、その空虚なことばで私の子ども時代の夢を奪いました。

それでも、私は、とても幸運な一人です。人々は苦しんでいます。人々は死んでいます。生態系は崩壊しつつあります。私たちは、大量絶滅の始まりにいるのです。なのに、あなた方が話すことは、お金のことや、永遠に続く経済成長というおとぎ話ばかり。よく、そんなことが言えますね。

30年以上にわたり、科学が示す事実は極めて明確でした。なのに、あなた方は、事実から目を背け続け、必要な政策や解決策が見えてすらいないのに、この場所に来て「十分にやってきた」と言えるのでしょうか。

あなた方は、私たちの声を聞いている、緊急性は理解している、と言います。しかし、どんなに悲しく、怒りを感じるとしても、私はそれを信じたくありません。もし、この状況を本当に理解しているのに、行動を起こしていないのならば、あなた方は邪悪そのものです。

だから私は、信じることを拒むのです。今後10年間で（温室効果ガスの）排出量を半分にしようという、一般的な考え方があります。しかし、それによって世界の気温上昇を1・5度以内に抑えられる可能性は50％しかありません。

人間のコントロールを超えた、決して後戻りのできない連鎖反応が始まるリスクがあります。50％という数字は、あなた方にとっては受け入れられるものなのかもしれません。

しかし、この数字は、（気候変動が急激に進む転換点を意味する）「ティッピングポイント」や、変化が変化を呼ぶ相乗効果、有毒な大気汚染に隠されたさらなる温暖化、そして公平性や「気候正義」という側面が含まれていません。この数字は、私たちの世代が、何千億トンもの二酸化炭素をいまは存在すらしない技術で吸収することをあてにしているのです。

私たちにとって、50％のリスクというのは決して受け入れられません。その結果と生きていかなくてはいけないのは私たちなのです。

IPCCが出した最もよい試算では、気温の上昇を1・5度以内に抑えられる可能性は67％とされています。

しかし、それを実現しようとした場合、2018年の1月1日にさかのぼって数えて、あと420ギガトンの二酸化炭素しか放出できないという計算になります。（注：1ギガトンは10億トン）

今日、この数字は、すでにあと350ギガトン未満となっています。これまでと同じように取り組んでいれば問題は解決できるとか、何らかの技術が解決してくれるとか、よくそんなふりをすることができますね。いまの放出のレベルのままでは、あと8年半たたないうちに許容できる二酸化炭素の放出量を超えてしまいます。

今日、これらの数値に沿った解決策や計画は全くありません。なぜなら、これらの数値はあなたたちにとってあまりにも受け入れがたく、そのことをありのままに伝えられるほど大人になっていないのです。

あなた方は私たちを裏切っています。しかし、若者たちはあなた方の裏切りに気づき始めています。未来の世代の目は、あなた方に向けられています。

もしあなた方が私たちを裏切ることを選ぶなら、私は言います。「あなたたちを絶対に許さない」と。

私たちは、この場で、この瞬間から、線を引きます。ここから逃れることは許しません。世界は目を覚ましており、変化はやってきています。あなた方が好むと好まざるとにかかわらず。ありがとうございました。

この時、日本にいた私は、真夜中にネットでの同時配信を見ていた。普段はあまり感情を表に出すことが少なく、淡々とスピーチしているかに見えたグレタさんが、凄まじい形相で大人たちを睨みつけている。

思わず、息をのんだ。

「人々は苦しんでいます。人々は死んでいます。生態系は崩壊しつつあります。私たちは、大量絶滅の始まりにいるのです」

この言葉を発した時、グレタさんは声を震わせ、涙を見せた。

人類の生存をかけた気候変動との闘い。たった一人の少女だけに、この重圧を背負わせてはならない。私自身も、胸に手を当てた。

グレタさんは、人類がいますぐ対策を加速して、2030年までに二酸化炭素の排出量を半減させることができたとしても、1・5度未満の安全圏にとどまれる確率は50%しかないのだと訴えている。ロシアンルーレットの拳銃に弾が半分も込められている時代を生きていくことの恐怖……科学者の声は冷徹でもある。可能性は残されているが、そこから脱出できる窓がいかに狭いものなのか知ってしまうと、本当にこれは時間との闘いなのだと痛感する。

こうしている間にも、大量生産・大量消費の文明は、何事もなかったかのように日々を重ね、温室効果ガスを排出していく。台風被害も、グレタさんブームも、情報として消費され、膨大な電脳空間の片隅へと追いやられていく。

1992年にブラジルのリオデジャネイロで開かれた世界初の地球サミットの際にも、世界の首脳を前に地球環境問題の解決を訴えた少女がいた。カナダ人の12歳、セヴァン・スズキさんだ。

「私がここに立って話をしているのは、未来に生きる子どもたちのためです。世界中の飢えに苦しむ子どもたちのためです。そして、もう行くところもなく、死に絶えようとしている無数の動物たちのためです。

こんな大変なことが、ものすごいいきおいで起こっているのに、私たち人間ときたら、まるでまだまだ余裕があるようなのんきな顔をしています。まだ子どもの私には、この危機を救うのになにをしたらいいのかはっきりわかりません。でも、あなたたち大人にも知ってほしいんです。あなたたちもよい解決法なんてもっていないっていうことを。オゾン層にあいた穴をどうやってふさぐのか、あなたは知らないでしょう。

死んだ川にどうやってサケを呼びもどすのか、あなたは知らないでしょう。絶滅した動物をどうやって生きかえらせるのか、あなたは知らないでしょう。そして、いまや砂漠となってしまった場所にどうやって森をよみがえらせるのか、あなたは知らないでしょう。

どうやって直すのかわからないものを、こわしつづけるのはもうやめてください」

（翻訳：ナマケモノ倶楽部）

これほどの強い言葉を聞いてなお、私たちは消費の限りを尽くすことを止められず、時々思い出したように伝説の少女の訴えをアーカイブス映像として眺め、「もう手遅れかも」などと他人事のようなコメントを発しながら、28年もの間、環境を悪化させ続けてきた。地球の限界を超えるほどまでに。

セヴァンさんはいま、夫と2人の子どもとともにカナダ西海岸の島で暮らしている。私は10年前に、セヴァンさんと、その父親で著名な環境学者のデイビッド・スズキさんのドキュメンタリーを制作したが、セヴァンさんは、世界の首脳たちに訴えても結局世界が変わらなかったことに心を痛め、いまでは地元での生活に根差した環境活動のほうを優先させているという。

先日、カナダを訪れたグレタさんとセヴァンさんが初めて出会った様子が報道されていたが、二人の伝説の少女は、いったいどんな言葉を交わしたのだろうか。(8ページ参照)

手遅れにだけはしたくない

私自身が気候変動の問題に取り組むようになったのは、2007年。決して早い時期ではなかった。この年、地球温暖化に関するIPCCの第4次評価報告書が発表され、当時のラジェンドラ・パチャウリIPCC議長にインタビューする番組を作ったことをきっかけに、この問題の報道に取り組むようになったのだ。

その時、強く感じたのは「なぜ、マスメディアにいながら、これほど重要な科学的な事実を知らずに過ごしてきたのだろうか」という恥ずかしさだった。私も決して環境問題に関心がなかったわけではない。NHKに入局してからも、大気汚染物質が国境を越えてやってくるという越境酸性雨のテーマを取材。公害という言葉を生み出した環境専門家の菱田一雄さんや、大阪府立大学の前田泰昭教授とともに、まだ発展途上にあった中国を訪れ、被害を食い止めるにはどうすればいいのか考えるドキュメンタリーを作ったこともある。

だが、いつの間にか目の前の課題に忙殺され、正直、地球環境問題を置き去りにしていた。公共放送が伝えるべきテーマは多岐にわたる。言い訳にはならないが、終末医療や教育、行政改革、さらには民族紛争やイラク戦争、そして新シルクロードといった歴史紀行まで、様々な番組に必死で取り組んでいるうちに、地球温暖化がここまで悪化していることに気づかずに過ごしていたのだ。

科学者たちの危機感を目の当たりにした私が痛感したのは、次世代の子どもたちに申し開きができない、という強い思いだった。当時すでに不惑の年を越え、私自身には子どももいなかったが、このままでは将来世代の子どもたちに、必ずやこう言われると思ったのだ。

「なぜあなたは、マスメディアに、しかも公共放送にいたのに、こんなに大切な問題を伝えてこなかったの？　あの時ならまだ、手遅れにならずに間に合ったのに……」

私の中で、その日から仕事のテーマを選ぶ優先順位が変わった。

誰かから言われたからではなく、私自身が本気でそう思った。とかく報道機関は、事件事故や災害が起きてしまってから検証したり、課題を提言したりしがちだ。だが、地球温暖化の問題に限っては、実験室で実験して検証するわけにはいかないし、起きてしまってからでは本当に手遅れだ。予防こそが最大の防災であり、そのためには科学者の声に真摯に耳を傾けるしかない。

以来この12年あまり、ささやかではあるが、ひたすらしつこく温暖化や気候変動をテーマにした番組を提案し続け、現場で取材を続けてきた。2008年から2010年には「SAVE THE FUTURE」というNHKの環境キャンペーンにも関わった。だが、東日本大震災もあって、日本では温暖化がメインの話題になることは明らかに少なくなり、私も企画を通すための賛同者を募るのに悪戦苦闘、危機感が伝わらない閉塞感も感じていた。

一方で、パリ協定の成立を受け、2017年暮れにはNHKスペシャル『激変する世界ビジネス〝脱炭素革命〟の衝撃』という番組の制作が実現、ようやく少しは世の中の温暖化に対する理解が変わってきたと、希望を感じ始めていたのも事実だった。

そんな最中に突き付けられた、「想像以上に、残された時間が少ない」という科学者からのメッセージ。最近の異常気象の多発や氷床融解の加速など、温暖化が最悪の想定シナリオに向けて着実に進行している事実は、まさにフェーズの変化であり、苛立ちを覚えるほどの非常事態だった。こうした中で、突如登場したグレタ・トゥーンベリという少女の叫びに、私の心は掻きむしられた。そしていま、なんとかこのラストチャンスに、一人でも多くの人にこのことをしっかり伝えたいという気持ちを強めているのだ。

私たちは何から始めればいいのか

でも、私たち一人一人は、いったい何から始めればいいのだろうか。一見、個人の力は小さいように思えるが、実はできることはたくさんある。

SNSの時代に、グレタさんが引き起こしたムーブメントがある。それはスウェーデン語で「飛び恥（Flygskam）」と呼ばれる運動だ。「二酸化炭素を大量に排出する飛行機に乗るのは恥だ。できるだけ鉄道や他の公共交通機関を利用しよう」というこの運動、若者を中心に着実に支持を集め、実際にヨーロッパでは鉄道利用が大幅に増えている。飛行機が排出する温室効果ガスは、鉄道の約20倍にも上る。フランス語でも、飛行機（アビヨン）と恥（オント）をかけあわせた「アビヨント」という言葉が生まれて、広がりを見せている。

こうした中、KLMオランダ航空は短距離路線を鉄道に置き換えることを検討していると明らかにした。ＹｏｕＴｕｂｅを見ると、異色の広告が目を引く。

「いつも直接顔を合わせて会話することは本当に必要ですか？」

「飛行機の代わりに鉄道で移動することはできませんか？」

まるでライバル会社の利用を勧めているかのようなこのＣＭは、ＫＬＭオランダ航空が次の１００年を意識して発表した「Fly Responsibly（責任ある飛行）」計画に沿って行なわれている。目的は二酸化炭素の排出量を削減することだ。ピーター・エルバース社長は、２０２２年からヨーロッパと日本を結ぶ路線などで使用済みの食用油を原料とするバイオ燃料の利用を拡大する他、鉄道会社と提携することにより、２０２０年3月からアムステルダムとブリュッセルの間で運航する便数を削減、５００キロメートル以下の短距離路線については鉄道などに置き換えることを検討しているという。さらに２０４０年以降の実用化をめざし、燃費のよい新型の旅客機の開発も進めるとしている。

一方、フランスでは航空機の運賃に、２０２０年から課税する方針だ。フランス発の航空便の利用客に１人あたり最大18ユーロを課し、２００億円あまりの税収は鉄道などの整備に使われるという。

さらに、イギリスの人気ロックバンド「コールドプレイ」は、飛行機での移動によって環境への負荷がかかることを理由に、前回、延べ５４０万人を動員した世界ツアーを中止した。

若者たちが意識を変え、ほんの少し飛行機の利用を減らすだけでも、これほど大きなビジネスモデルや仕組みの変化が生まれようとしている。

ヨーロッパでは、2019年5月に行なわれた欧州議会選挙で、グレタさんたちの活動の影響もあって環境政党が躍進。「環境票」は無視できない状況になっている。私たちの「清き一票」は、パラダイムシフトを引き起こす可能性を大いに秘めているのだ。

日本の若者たちも動き始めている。

立教大学4年生の宮﨑紗矢香さんは、グレタさんたちが始めたFridays For Futureの東京でのデモの運営に携わった一人だ。他の大学の仲間とともに行動を起こしたきっかけは、SDGsに関するスウェーデンの視察だったそうだ。以前から環境や温暖化の問題に関心は持っていたが、実際にバイオガスを使った発電施設など暮らしに身近なところで対策が取られている現場を目の当たりにして、大きな刺激を受けたという。

しかし、就職活動の際、面接官に「環境配慮をもう少し事業に取り入れていったほうがいいんじゃないですか?」と尋ねると、返ってきた答えは期待外れのものだった。

「まあ、それは分かるけど、やっぱり利益が先で余裕があったらだよね」

そんな応答をされることが続く中で、なぜ若者は経験や知識がないからといって言い返せないのだろうかと悶々としたこともあったという。

そうした中で出会ったのが、グレタさんの怒りに満ちた言葉だった。

「怒れ、と言われた時に一番はっとさせられたんです。自分は怒るべき当事者なんだな、というふうに思って。自分が若者の一人として少しでも発言することで未来が変わるし、大人たちの意識にも一石を投じることができるんじゃないかなと思っています」

2019年の3月時点では、日本でスクールストライキを行なったのは、わずか数十人程度だったが、次第に増え、9月のグローバルのデモでは、日本各地の23都道府県に広がり、参加者は5000人を超えた。

宮﨑さんも、手作りのプラカードを抱えて先頭を歩いた。そこには、「ボーっと生きてんじゃねーよ！」の文字が。顔を真っ赤にして叱ってるのは、チコちゃんではなく、グレタさんの似顔絵だが、その気持ちはよく分かる。宮﨑さんは、京都議定書ができた時には、まだ生まれていない世代だ。本当に私たちは大人は、あまりにも「ボーっと生きてきて」この未曾有の危機を引き起こしてしまった。食い止めるチャンスは、何度も何度もあったにもかかわらず。

だが、希望もあった。20年前には存在すらしなかったツイッターやインスタグラム、フェイスブックなどのタイムラインに溢れかえる人々のうねりを見ながら、今度こそ、と私は密かに胸を熱くした。

カナダ・モントリオールのデモには、1都市だけで実に50万人以上が集結し、国連のサミットの時期の1週間の合計では、世界各地で760万もの人々が参加した。本当にすごい数だ。日本の数はまだまだ少なかったかもしれないが、それでも、自分で考え自分で声を上げ、行動し始めた若者がいることに、私は大きな勇気をもらっている。

プラスチックを減らすためのアクション

話が随分、プラスチックから遠いところにまで来てしまったかもしれない。

では、本書の原点であるプラスチックごみを減らしていくには、どうしたらいいのだろうか。私たちにできることは、何なのだろうか。

プラスチック研究で名高い高田秀重教授が所属している東京農工大学は、2019年8月、「農工大

Fridays For Future 東京によるグローバル気候マーチ（2019年9月20日）。中央が宮﨑紗矢香さん（立教大学4年）。東京では約2800人が参加した

プラスチック削減5Rキャンパス」活動を宣言した。5Rというのは、日本政府のプラスチック循環資源戦略における「3R＋Renewable（再生可能資源への代替）」の基本原則に、研究(Research）を加えた独自の取り組みだ。2050年までに石油ベースで作られたプラスチックゼロをめざす。

例えば、キャンパスにはマイボトル用の給水器を設置し、ペットボトルを削減。大学のロゴ入りマイボトルも販売する。また生協などではレジ袋を削減、学内の自動販売機も順次、ペットボトルではなく缶飲料に切り替える。クリアファイルなどの大学グッズにも循環型素材を採用。さらに、教育活動を通じた次世代の育成や普及啓発活動にも取り組む。

大学らしくプラスチックの課題を解決する研究にも力を入れる。マイクロプラスチックの分布や影響の調査や、海上でのプラスチック回収装置の開発、バイオマスベースの代替素材の開発やプラスチックと代替素材のLCAの実施も行なうという。

実は日本には、プラスチックの代替製品市場で世界的に注目されている会社がいくつもある。化学メーカーのカネカは、「カネカ生分解性ポリマー」を開発。100％植物由来で、幅広い環境下で優れた生分解性があるという。米国食品医薬品局（FDA）や欧州委員会でも認められ、食品に接する用途でも使用可能となった。このため幅広い分野で採用が進み、さらなる需要拡大に向けて増産体制を整えている。

この他、石灰石を原料にした新素材の開発に成功し、特許を獲得している企業もある。大きなビジネスチャンスだが、開発や量産にあたっては留意しなければならない課題も少なくない。代替プラスチックはまだリサイクルの仕組みが整っておらず、添加剤の問題も含め未知数のことも多いからだ。2019年9月、イギリスの下院は、プラスチック製の食品や飲料の容器・包装についての報告書を発表した。海洋プラスチック汚染が深刻化する中、植物由来プラスチック、生分解性プラスチック、堆肥化可能プラスチック、紙、ガラスなどへの切り替えが世界で進んでいるが、こうした代替策が与える環境への影響をまとめたのだ。

注目が高まっている生分解性プラスチックについては、海中で分解されるものの、分解の過程で温室効果ガスとなる二酸化炭素やメタンガスを排出している問題も指摘。気候変動の観点からは、生分解性プラスチックであっても環境に負の影響があるという。また、植物由来プラスチックは、必ずしもすべてが生分解性ではないことへの注意が必要だという。堆肥化できるプラスチックについては、堆肥化するためのごみ箱がまだまだ少ないため、消費者が適切な処分方法が分からず、ただのごみとして捨てられることが懸念され、現状では代替プラスチックとして推奨できないとしている。

その上で、いずれの包装・容器についても廃棄されれば環境への負荷がかかるため、使い捨てではなく再利用可能なものにしていくこと、何よりも使用量を減らしていくことが最も重要だとしている。

日本企業の新たなチャレンジ

日本企業の社内ルールも変わり始めている。

海外では、プラスチック製ボトルの使用禁止が相次ぎ、アディダスは世界75か所のオフィスでの使用を禁止していた。２０１８年11月、ついに日本でも大手住宅メーカーの積水ハウスが社内会議でのペットボトル使用を全面禁止にした。本社だけでなく、関連会社や子会社にも禁止の通達を出し、今後は社内の自動販売機からも順次ペットボトルをなくしていく方針だ。

ソニーでも、会議室や応接室でペットボトルや、プラスチック製のストローやカップの提供をやめる。本社や厚木にあるテクノロジーセンターでは18年度、ペットボトルを21万本使用していたが、その削減が見込まれる。さらに社内の売店やカフェではレジ袋の他、プラ製スプーンやフォークの使用も削減や中止にするという。

実は、こうした動きは、環境省が始めたキャンペーン「プラスチック・スマート –for Sustainable Ocean–」に賛同しての試みだ。〝プラスチックとの賢い付き合い方〟を願って名付けられたこの運動、ポイ捨て撲滅を徹底した上で、マイバッグやマイボトルを活用し、プラスチックの使用を控えるよう呼びかけ、企業だけではなく、個人、自治体、NGO、研究機関など幅広い主体が連携して進めようとしている。SNSで「#プラスチックスマート」とタグを付けて、それぞれの取り組みやアイデアを投稿してもらう活動も実施するという。

野心的な目標の表明も相次いでいる。2018年11月、味の素グループは、2030年をめどにプラスチック廃棄物をゼロにする目標を掲げた。食品の包装では、湿気や異物混入などを防ぐため密閉性の高いプラスチック素材が欠かせない。このため、プラスチックを廃棄物ではなく資源として循環できるような新素材・新技術の開発にも取り組み、リサイクルなどによって廃棄ゼロをめざすという。すでに「ほんだし」などの粉末調味料は、一部のスティック包材の主原料を紙素材に切り替えていて、今後さらにプラスチック素材の比率を減らしていきたいという。

2019年5月、サントリーグループも新たに「プラスチック基本方針」を策定した。サントリーでは、ペットボトルリサイクルの一部工程を省くことで、環境負荷低減と再生効率化を同時に実現する「FtoPダイレクトリサイクル技術」を世界で初めて開発。また、飲料用ペットボトルに植物由来原料を100%使用したキャップを世界で初めて導入するなど、これまでも取り組みを続けていた。今回、2030年までにグローバルで使用するすべてのペットボトルに、リサイクル素材あるいは植物由来素材のみを使用し、石油など化石燃料に由来する原料の新規使用をゼロにすることで、100%サステナブル化をめざすと宣言。中期目標として

2025年までに国内清涼飲料事業における全ペットボトル重量の半数以上に再生ペット素材を使用していくとしている。

2019年、日本コカ・コーラとセブン&アイ・ホールディングスは、店頭で回収したペットボトルを100%使用したリサイクルペットボトルを使った緑茶を全国のセブン-イレブンやイトーヨーカドー、そごう・西武など約2万店で発売すると発表した。一つの小売グループ内で回収したペットボトルをリサイクルして、再び同じグループ内で販売する今回の取り組みは、世界初だという。日本コカ・コーラのホルヘ・ガルドゥニョ社長は「ペットボトルの完全循環、ボトルtoボトルの初めての実現だ。一緒に廃棄物ゼロ社会を実現していきたい」と語っている。

日清食品でも人気商品カップヌードルのカップ容器を植物由来に切り替えた。この他、様々な同業他社でも同様の動きが広がろうとしている。

流通最大手のイオングループも、プラスチックの使用量をさらに削減する方針を明らかにした。象徴的な商品も新たに発表。プライベートブランドで紙ストローを売り出すことにしたのだ。値段は16本入りで税込み320円あまり。国産で水に溶けにくく無漂白で、色がしみ出ることもないという。紙ストローはプラスチック製の代替品として飲食チェーンなどで導入の動きが見られるが、スーパーの店頭での市販はまだ珍しい。消費者は、明らかに値段が少し高いこの商品を手に取るだろうか。消費者の心構えも問われることになる。

ふと入ったカフェで出されたストローがいつの間にか紙ストローになっていた動きは、私たちの暮らしのすぐそばまで、静かに広がりを見せていた。もちろん、かつて割り箸問題が過熱した時と同様に、紙ストローや竹ストロー、ステンレスのストローに変えれば問題が解決するというわけでは決してない。代替となる紙に至っては、そのことが森林破壊につながるような素材で作ったのでは、環境に対しては逆効果だ。また、ストローを変えるという〝ポーズ〟を取ることが、免罪符になるようなレベルの話でもない。

いまの時代は、よくよく注意深く見ていかないと、〝グリーンウォッシュ〟〝SDGsウォッシュ〟ともいわれる見かけだけの環境対策に惑わされて、本当に大事な変革が進まないリスクもある。だが、こうしたブランドイメージの競争をネガティブに捉えるのはもったいない。これはある意味、社会変革の大チャンスだ。消費者の側も本気で取り組んでいる企業を見分ける「リテラシー」を持ち、そうした企業を応援したり、少し高くても共感して購入するような姿勢こそが求められているように思う。

地球のミライのために 私たちができる「5つのこと」

ここで、脱プラスチックに限らず、脱炭素社会をつくっていくために、私たち一人一人ができきることについて、国立環境研究所の地球環境研究センターで副センター長を務めている江守正多さんが『クローズアップ現代プラス』のデジタル特集「地球のミライ」に記した文章を改めて掲載したいと思う。

江守さんは、2007年以来、様々な番組にご出演いただきお世話になっている、日本を代表する気候変動問題の専門家だ。温暖化ブームの際も、温暖化が見捨てられた時も、そして今回のグレタさんのアクションによって若者たちが動きだしているいまも、お互いなんとか地球の危機を救いたいと願っている同志として、いつも情報交換をさせていただいている。今回、とても簡潔に〝地球のミライのために 私たちができる「5つのこと」〟という記事をまとめてくださったので、許可を得てお伝えすることにする。

❶科学の声を聞く

まずは、知ることです。近年の温暖化の主な原因が人間活動による温室効果ガスの増加であることは、科学的によく理解されています。そして、今後も温室効果ガスを排出し続ける限り、温暖化が続くことは間違いありません。インターネットなどで、太陽活動のほうが重要とか、氷河期がくるといった説を目にすることがあるかもしれませんが、多くは意図的に議論を混乱させるために発信されたもので、これらは科学的に否定することができます。

「気候変動」で検索して、最近のニュースを見てみてください（ニュースアプリを使っている人は「気候変動」のテーマをフォローするとよいです）。世界各地で過去の記録を更新する極端な気象が起きていることや、新しく発表された研究結果の多くが事態の深刻さを強調していることが分かります。

❷人に伝える

気候変動について情報を得たら、自分で留めておくのではなく、あなたが知ったことや考えたことを人に伝えることが大事です。伝えることで、多くの人が、気候変動が取り組むべき大事な問題なのだと共通認識が持てるようになります。最初はあまり話に乗ってきてもらえなくても、話せる相手を探して、少しずつ広げていきましょう。友達や家族など、まわりの人に話したり、あなたが共感した専門家などの意見や、関連のニュースなどを友達と共有し、SNSなどで発信していきましょう。海外では、意外な有名人も気候変動について発言していますので、探してみてください。9月20日に行なわれたような気候マーチに参加して、声を上げることも一つの方法です。気候変動の危機を心配している人がこんなにいるということを、まだあまり分かっていない人に知らせていきましょう。

❸生活を見直す

普段の生活の中で「エネルギーの無駄遣いをしない、牛肉を食べすぎない、プラスチックをなるべく使わない」なども大切です。我慢や不便を受け入れろといわれている気がするかもしれませんが、まずは自分にとってプラスになるところから始めたらどうでしょうか。例えば、いつも車で移動するよりは適度に歩いたり、自転車に乗ったりするほうが自分の健康にとってもプラスです。肉、特に牛肉は家畜を育てる過程や輸送する過程で二酸化炭素やメタンが排出されています。必要以上に食べたり、残したりしていないか、一度振り返ってみてはどうでしょうか。地産地消も心がけましょう。プラスチックは海洋汚染が問題になっていますが、製造や焼却のときに二酸化炭素が排出されます。いまは使わないで生活しようとすると個人の努力が必要ですが、「私は使いたくありません」という意思表示をする人が増えると、企業がそれを感じてプラスチックを減らす取り組みが加速するかもしれません。

また、住宅を見直してみることも大事です。一軒家に住んでいる方は、断熱をよくして、太陽光パネルを載せ、エネルギーを管理する「HEMS」というシステムを備えた、エコハウスへリフォームしてみてはどうでしょうか。これから家を建てる方は、「ZEH」(ネット・ゼロ・エネルギー・ハウス)を発注しましょう。集合住宅でも、窓を断熱にしたり、冷蔵庫などの家電を買い替える際にできるだけ省エネのものを選んだりと、できることがあります。いずれも初期投資がかかりますが、住んでいるうちに元が取れます。

❹企業・政治を選ぶ

気候変動対策に積極的な企業を応援することです。「気候変動イニシアティブ」に参加している企業や、再生可能エネルギー100％をめざす「RE100」に参加している企業を調べましょう。それらの企業の商品やサービスを選ぶようにしたり、その企業の株を買うことや、契約している電力会社を、再生可能エネルギーの導入に積極的なところに変えるのもよいでしょう。

また、気候変動対策に積極的な政治家を応援しよう、と言いたいところですが、残念ながら日本ではいまのところ海外のように気候変動が選挙の争点になりません。そこで、選挙の時に候補者が選挙活動をしていたら、「あなたの気候政策を聞かせてください」と質問してみるのもいいかもしれません。少しずつでも、政治にプレッシャーをかけて、気候変動の政策的な優先順位を上げることが大事です。二酸化炭素を出さない社会経済システムに大きく転換していくためには、政治が動く必要があるからです。

❺地域の気候変動対策に参加する

ご自身のお住まいの自治体で、気候変動対策がどのように取り組まれているか調べてみましょう。地域での話し合いやボランティアの機会があれば参加することも大事です。市民発電の取り組みがあれば、出資してみるのもよいでしょう。地域の取り組みでは、熱波や豪雨など気候変動の影響に対応するために、地域のインフラや日々の暮らしのあり方を変える「適応」策も重要になります。防災や熱中症対策などを地域で話し合う機会があれば、気候変動とつなげて考えてみましょう。

最後に。グレタ・トゥーンベリさんのこの言葉を心に留めておきたいと思います。

「変化を起こすのに、自分が小さすぎるなんてことはない」

"You are never too small to make a difference."
「変化を起こすのに、自分が小さすぎるなんてことはない」というグレタさんの声は世界中の人の心に響き、世界規模のデモへと広がった

気候危機を回避せよ！ 激変する金融業界

私たちにできること。私個人が一番期待していることの一つは、お金の流れが変わることだ。プラスチックからのダイベストの動きも前述したが、最新の状況を少しお伝えしておこう。

グレタ・トゥーンベリさんの涙の演説が注目されたニューヨークの国連本部で、9月22日、画期的な署名式が行なわれた。130の銀行が「責任銀行原則」と呼ばれる新しい方針に署名、今後、気候変動への影響を考慮しない融資は行なわないと誓ったのだ。グテーレス国連事務総長は、5000兆円を超える総資産を持つ世界の銀行のトップを前に語りかけた。

「私が最も強くお願いしたいのは、気候変動対策に投資し、化石燃料への投資をやめることです。一つ一つの銀行が、自分たちのビジネスを責任銀行原則という目標に合わせていけば、変革を起こすことができます」

この原則は、「温暖化対策の国際合意であるパリ協定の目標達成に整合性のないような融資は行なわない」ということを意味する。

日本で署名した銀行は、三菱ＵＦＪ、みずほ、三井住友、三井住友信託の4つのグループで、大きな期待が寄せられている。ただ、署名したということは、本当に約束を守っているかが問われる、ということでもある。グテーレス国連事務総長は、地球温暖化を1・5度未満に食い止めるためには、2020年以降の石炭火力発電所の新設を禁止すべきと訴えている。日本の三大メガバンクも石炭火力への融資を見直す方針を発表したが、すでに計画を進めている発電所への融資は撤回せず、慎重に検討するとしている。このため世界のNGOは、脱石炭への動きが十分ではないと日本の三大メガバンクを批判している。果たして今回の署名を受けて、どこまで本気で地球のミライを守るリーダーシップを取れるのか、注目が高まっている。

こうした動きを後押ししているのは、TCFDという流れだ。なにやら呪文のようだが、これはTask Force on Climate-related Financial Disclosuresの略で、日本語では「気候関連財務情報開示タスクフォース」と呼ばれている。金融機関や企業が持っている気候変動に関する財務情報を公開することで、どれだけのリスクとチャンスがその企業にあるのか〝見える化〟しよう、という動きだ。いま世界では、大手金融機関に加え、メジャーと呼ばれる大手石油資本のシェブロンやロイヤル・ダッチ・シェルといった化石燃料産業も含めた約900社が署名している。実はTCFDは日本でもトレンドになっていて、世界で最も多い190社以上が参加している。

2019年10月8日、世界初のTCFDサミットが東京で開催。金融界や産業界のトップが集まった。イギリスの中央銀行総裁のマーク・カーニー氏は「気候危機を回避するために、いまこそグリーン投資が求められている」と訴えた。

投資家に投資判断の目安となる指標を提供する金融情報サービスの世界最大手、MSCI社もこのサミットに参加した。

幹部のベア・ペティットさんがアピールしたのは、気候変動に関する情報開示の大切さだ。2019年6月に発表した新たな指標「気候変動インデックス」では、こうした情報をもとに企業の価値を評価しているという。例えば、石炭など化石燃料を多く使用したり、石炭に関連する会社に投資したりしている企業はリスクが大きいと判断。逆に、地球温暖化の原因となる二酸化炭素を排出しない再生可能エネルギーの利用などの対策を取っていたり、これらに投資しているような企業は高く評価する。MSCI社のリサーチ部門のマネージングディレクター、ローラ・ニシカワさんは、気候変動対策は大きなビジネスチャンスにもつながると語る。

「投資家が本当に気にかけているのは、企業の将来にわたる気候変動対策です。投資を取り巻く環境は劇的に変わりました。気候変動を考慮しない投資は、もはや考えられません」

皆さんにお伝えしたいのは、ここ数年で、企業の〝通知簿〟のつけ方が大きく変わった、という事実だ。いままでは、短期的に利益を上げる会社がよい会社とされ、金融界もそこに投融資を続けてきた。しかし、異常気象が相次ぎ、まさに気候非常事態といえる経済被害が現実となるなか、もっと中長期的な視点で〝気候危機を食い止めることに貢献している会社〟がよい会社、という時代に突入したのだ。

私たち市民も、そういう観点で銀行や企業を選ぶことができる。私も実は、石炭火力発電所への融資が多い銀行から、再エネ支援に力を入れている銀行に貯金の一部を移し変えた。ささやかなことだが、金融には世界を変える力があると思ってのことだ。

ビジネスの仕組みそのものを変える

さらに、有効なのは、ビジネスの仕組みそのものを変えることだ。

つまり、二酸化炭素を多く排出している会社が損をし、二酸化炭素を減らすことに努力している会社が得をするような仕組みを作ればいいのだ。それを「炭素に価格をつける」という意味で「カーボンプライシング」と呼んでいる。炭素税をはじめ様々なやり方があるが、世界ではすでに約50か国で導入されている。

国際通貨基金（ＩＭＦ）は２０１９年10月、各国の財務相に対し、税制や政府歳出予算を駆使し、気候変動を緩和するような政策を打つことが重要との声明を発表した。特に、二酸化炭素排出量に応じて課税するカーボンプライシング制度が最も有効との見方を示した。

ＩＭＦは、炭素に価格がつけば、自ずと省エネルギーや再生可能エネルギーへの転換を進めるインセンティブが強まるという。ただし、制度の公平性が大事であり、カーボンプライシングで得た歳入の使い道も重要だという。例えば、他の分野の減税に使ったり、気候変動に脆弱な家庭や地域への支援や再生可能エネルギーへの投資拡大なども候補だ。

課題は、石炭火力発電に依存している地域では電気料金が最大43％、ガソリン料金も14％上がることだ。またＩＭＦは、この仕組みの導入で影響を受ける業界の労働者に対する政府の支援も肝要だという。

温暖化対策ではいま、「公正な移行＝ジャスト・トランジション」という言葉もキーワードになっている。フランスでは、温暖化対策のために燃料税の値上げを表明したところ、車での移動が生命線になっている労働者たちから猛反発を受け、「黄色いベスト」を着てパリの目抜き通りを占拠し火を付けるなどの暴動が起きた。フランス政府の説明不足や、上から目線も火に油を注いだようだが、未来の被害防止を語るだけでは、いま目の前のことで苦しんでいる人々に理解してもらうことはできない。

同様に、脱石炭のうねりは、石炭関連産業で働く人々にとっては死活問題で、トランプ大統領などは、こうした人々を味方につけて、環境規制を緩めて雇用を守ると訴えている。だが大切なのは、将来性が極めて乏しい産業を守ることに固執することではなく、ちゃんと同じテーブルに着いて、どうやったら「公正な移行」ができるか率直に話し合うことだ。いついつまでにフェーズアウト（段階的廃止）する、といった具体的なロードマップを作って、適正な時間をかけて雇用を別の産業に移し変えていくことが真の救済につながるのだ。

そのためには、職業訓練の実施や移行期間の損失をフェアに補うといった支援も必要になってくるだろう。実際、ドイツ政府は、脱石炭に向けた委員会を設立し、徹底的な話し合いの場を設けた。委員会の正式名称は「成長・構造改革・雇用委員会」で、通称「石炭委員会」と呼ばれる。科学者や官僚、自治体、石炭産業をはじめとする企業の代表、労働組合やNGOが真っ向から議論を行なった。その結果、2038年までに石炭火力発電所を全廃するという答申をまとめたのだ。

「公正な移行」とは、ある意味、目の前にある課題をどう民主主義の力で解決するかというコミュニケーション力を試されることなのかもしれない。それは、再生可能エネルギーを推進する際に生じる乱開発や自然破壊などの課題に向き合う時も同じだ。ゼロか100かではなく、ルールを作りながら解決していくような対話こそが大切なのだ。財源ももちろん重要だ。その上で、残された時間はどれくらいなのかを肝に銘じ、私たちにとっての優先順位とは何かを見極めていくことが、一番大事になってくると強く感じている。

何よりも、異なる意見を持つ人と対話する際に重要なのは、〝脱炭素社会〟や〝脱プラスチック社会〟をめざすための取り組みは、よくちまたで言われる「江戸時代に戻れというのか？」といった我慢を強いるようなものでは決してない、ということをきちんと伝えることだ。「気候変動に備えること、脱炭素を実現することがより幸せな社会につながる、そういう解決策をみんなで探していこうよ」と呼びかけることが大事だ。

その際に説得材料になるのは「トータルソリューション（総合的な解決策）」や「コベネフィット（共通の便益）」という考え方だ。つまり予算も財源も限られている中、一石二鳥、三鳥という道を工夫することで、気候変動と経済・社会課題の同時解決をめざすのだ。

例えば、SDGsも17の目標は互いに連関し、つながり合っている。少子高齢化社会の問題との結び付きなら、こんなアイデアはどうだろう。お年寄りの熱中症対策と引きこもり対策をかねて、町の中心のエアコンの効いた涼しい部屋にみんなで集まる。コミュニケーションを取りながら、楽しく過ごすことで地域の絆を深め、それが防災力のアップにもつながるというわけだ。

こうした考え方は、食品ロス対策や貧困対策にも応用できる。賞味期限の切れかけた食材を持ち寄って子ども食堂を運営することは、実は温暖化対策にもなるし、貧困家庭の子どもを助けて地域力をアップすることにもつながる。何より楽しみながら活動を行なえば、地球にやさしい活動をすることが、日々の暮らしを豊かにし、笑顔を増やしていくことにもなるのだ。

プラスチックごみを拾う活動も、ゲーム感覚で行なうことができれば、そのこと自体がレクリエーションやエンターテインメントになる。実際、オランダでは、プラスチックごみをリサイクルして作ったボートを運河に浮かべ、観光を楽しみながら河川に浮いているごみを回収するエコツアーが大人気だそうだ。また、環境アクティビストとして活動を続けている若者の一人、清水イアンさんによれば、ニューヨークでは大音量で音楽を鳴らして路上でダンスをしながら、ごみを回収するイベントがクールなんだとか。これも、最初は驚くかもしれないが、やってみたらめちゃめちゃ楽しく、もしかしたら健康増進のエクササイズにもなるかもしれない。まさに一石三鳥の取り組みだ。

「正しいを、楽しいに！」がモットーの日本環境設計の岩元さんたちは、町のごみ拾いで集めたタバコの吸殻でごみアートを描いてSNSで発信、芸術性を競い合っている。タバコのフィルターにはプラスチックが使われ、マイクロプラスチックを発生させているため、プラスチック問題の解決にも役立つ。だが何より環境問題というと、とかく力こぶが入りがちでそれを敬遠する人も多いと思うが、こんな小さくて楽しいことなら始められるのではないだろうか。

気候変動との闘いは、残念ながら長い長い闘いでもある。燃え尽きないためには、楽しく、サステナブルに闘い続ける道を探していく必要があると思う。

〝総力戦〟でパラダイムシフトを起こせ！

トータルソリューションの道を探るのに一番大事なのは、縦割りの打破でもある。環境省は、第五次環境基本計画の中で「地域循環共生圏」という概念を示し、まさに様々な施策を統合しながら循環型社会を構築していこうと呼びかけている。その際には、経済産業省などが推し進めているＡＩやビッグデータ、ＩoＴ（モノのインターネット）を使ったスマートな省エネやデジタル化との連携も大事だ。ソサエティ5・0やインダストリー4・0といった言葉も飛び交う産業界だが、何のためにそれを取り入れるのか、いま一度考える必要があるだろう。脱炭素に役立つということも重要な視点であるはずだ。要は知恵を出してテクノロジーを活用すれば、我慢するのではなくもっとスマートに二酸化炭素を減らしていけるのだ。

もちろん国土交通省が責任を持っている地域防災と結び付けていくのは当然のことだ。甚大な台風被害でも明らかになったように、森・川・里・海は、すべてつながり、都道府県や市町村という区割りだけでは見通せない〝流域〟という新しい概念での対策が求められている。そこでは当然、農林水産省による林業政策や、水田の保水機能も活かしながら、より低炭素な農業のあり方を模索する政策も重要になってくる。プラスチックが海へと流れ込むのを防ぐ対策も、流域を意識して行なうことが大切だ。そう、すべてはつながっているのだ。そしてそれは、パラダイムシフトを起こすには〝総力戦〟を行なうしかないことを意味している。

いま世界では「気候非常事態」を宣言し、問題解決に向けて「動員計画」を立てる動きが加速している。

気候非常事態宣言（ＣＥＤ：Climate Emergency Declaration）は、オーストラリアで２０１６年に始まり、この数年で世界１２００以上の自治体や議会、大学などに広がった。ロンドンやパリ、ニューヨーク、バンクーバー、シドニーといった世界の大都市はすでに非常事態を宣言し、その人口は8億人を超えた。日本でも最初に長崎県壱岐市が宣言。神奈川県鎌倉市や長野県白馬村、そして長野県も続いた。残念ながら、東京オリンピック・パラリンピックが開催される東京都は、２０１９年12月中旬時点で、まだ宣言を行なっていない。非常事態を宣言していない中で、ＩＯＣ国際オリンピック委員会が、東京の8月の酷暑を理由にマラソンと競歩の会場を札幌市に移す決断をしたことは、いささか皮肉なことではある。

〝総力戦〟を考えていく際に、カギを握るのは、これから発展していくアジアやアフリカなどの途上国だ。新しいインフラが必要となる地域をどう巻き込んでいくか、一足飛びに脱炭素社会へと向かうように支援していけるか。これは地球全体の利益につながることなのだ。

この点でも、本来、アジアのリーダーとしての日本の役割が大きく期待されているところだが、残念ながら高効率という名のもとに、いまも石炭火力発電所の輸出を続けようとしている姿勢は、世界の動きとは大きくかけ離れ、批判を浴びている。確かに計画段階では、二酸化炭素の排出を16%程度削減できる日本製の高効率の発電所は意義があったと思われる。しかし、再生可能エネルギーの価格が劇的に下がり、石炭火力よりも安くなってきている現在、このまま建設を進めれば途上国にとってもメリットは少ないという声もある。何より、石炭火力には大気汚染問題が伴うだけに、コベネフィットの観点からも見直しを求める必要があると指摘する専門家もいる。

ちなみに、これは日本の産業競争力にとってもリスクである、という分析も出された。英シンクタンク「カーボントラッカー」と東京大学未来ビジョン研究センター、機関投資家が運営するCDPジャパンの最新報告書に

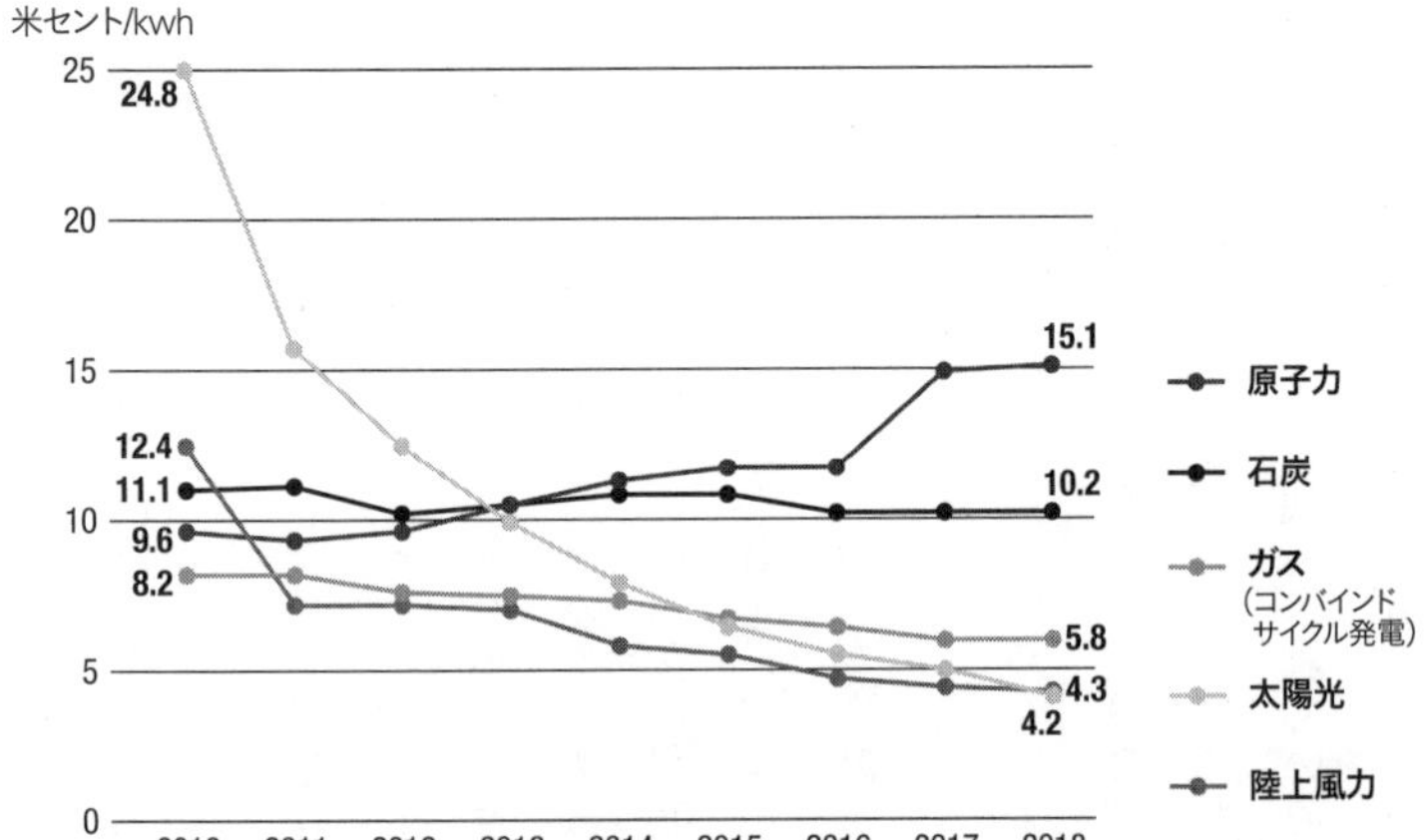

電源別の発電コストの推移（全世界、新設案件、2010～2018年、助成なしのLCOE）
注）廃炉と廃棄物処分のコストは含まない
（出典 Lazard「Levelized Cost of Energy Analysis – Version 12.0」〈2018年11月〉より自然エネルギー財団作成）

よれば、日本では再生可能エネルギーのコスト低下によって、石炭火力発電関連施設には、最大710億ドル（約7兆8000億円）相当の「座礁資産（市場・社会環境激変により価格が大幅に下落する資産）リスク」があるとしている。石炭火力発電所の経済性を分析した結果、洋上風力、太陽光、陸上風力の発電原価（LCOE）はそれぞれ2022年、23年、25年までに、新規計画中の石炭火力発電よりも安くなる。ロイターの調査では、日本では今後10年で約12・6ギガワット相当の発電能力を持つ石炭火力発電施設の建設が予定されている。だが、これでは、一度造れば数十年運転しなければ元が取れないにもかかわらず、早々に競争力を持てなくなる。さらに、こうした他の再生可能エネルギーのコスト（LRMC）低下による石炭火力発電所の設備利用率の低下も懸念されており、まさに座礁資産になってしまう恐れがあるのだ。

プラスチック業界がもはや大変革から逃れられないように、グローバル化が進んだ世界では、日本だけが古い価値観でガラパゴス的な政策を取り続けることは不可能になっている。『第三の波』で知られる未来学者のアルビン・トフラーは「波頭を見よ！」と言った。

大海原を眺めている時、遠くに見える白い波頭は、見過ごしてしまいそうな小さなさざ波だが、それは必ずや大きな波となって自分の足元にまでやってくるのだ。賢者は〝波頭〟を見ているのだと。変革のうねりは、始まっている。次世代のために、いまこそ〝総力戦〟で、持続可能な地球をめざして行動を起こそう。私たちにできることは、まだたくさんあるのだから。

この章のポイント

◉現在は「人新世（アントロポセン）」と呼ばれる地質年代であり、プラスチックが特徴となるだろう。

◉SDGsのウエディングケーキが示すように、持続可能な発展のためには地球環境がすべての目標を支える根幹になっている。

◉プラネタリー・バウンダリー（地球の限界）の9つの領域のうち、すでに「気候変動」「生物多様性」「土地利用」と、リンや窒素などの「化学物質の循環」の4つの分野でリスクが増大、限界値を超えている。

◉石炭火力発電所は「座礁資産」となる可能性が高い。

◉西日本豪雨のあった2018年の保険金支払い額は1.7兆円。2019年の台風等による支払い総額は2兆円を超える見込み。

◉2018年の自然災害による世界の経済損失は、約25兆円に上った。

◉今後5年以内に気候変動が事業に影響を与える累計損失額は1兆ドルと推計される一方で、気候変動に適応する利益の総額は2兆ドルを超えると見られる。

◉地球はすでに気候非常事態にあり、このままでは「ティッピングポイント」を超える可能性が高い。

◉手遅れにしないためには、科学者の声に耳を傾ける必要がある。

第4章

未来への提言

世界の英知からのメッセージ

ヨハン・ロックストローム博士

この章では、番組にご出演いただいた二人の世界的な英知からのメッセージを、放送ではお伝えできなかった部分も含めてご紹介したい。

まずは、ヨハン・ロックストローム博士。スウェーデン出身のロックストローム博士は、1965年生まれの環境学者だ。ストックホルム大学の教授やストックホルム・レジリエンス・センターの所長を務め、現在は、ドイツにあるポツダム気候影響研究所の共同所長を務めている。

博士は、2009年に世界的な研究チームとともに本書でも紹介したプラネタリー・バウンダリー（地球の限界）の考え方を提唱した人物だ。この概念は、2015年に採択されたSDGsの基礎となったことで知られる。

私も1965年生まれで実は同い年。一緒に食事をさせていただいたこともあるが、素顔のロックストローム博士は温厚な人柄で、いつも颯爽としている。スリムな体型で大きな身振り手振りを交えながらスタンディングプレゼンテーションを行ない、明快に地球の危機について語る博士の姿は実に力強い。

科学者としては、もともとは水文学の研究者だが、専門的な分野の研究だけにとどまらず、地球が置かれている現状を分析し未来を包括的に予測する研究は、政策を考える政治家や官僚、NGOなどにも大きな影響を与えているキーパーソンだ。科学者の世界的なネットワーク「フューチャー・アース」諮問委員会の共同議長も務めている。

さらに、2018年に、オーストラリア国立大学のウィル・ステファン教授らとともに発表した「ホットハウス・アース（灼熱地球）」という研究は、1・5度目標に向けて世界が動きだす大きな契機となっている。主な著書に共著で『小さな地球の大きな世界 プラネタリー・バウンダリーと持続可能な開発』（丸善出版）がある。

インタビューは、ベルリンの南西に位置するポツダム市のアルベルト・アインシュタイン・サイエンスパークにあるポツダム気候影響研究所にて行なわれた。以下は、その抜粋である。

ポツダム気候影響研究所の共同所長（ディレクター）を務めるヨハン・ロックストローム博士。気候変動研究の権威として名高い

Q　IPCCの1・5度特別報告書について、博士はどう受け止めておられますか。

今回の報告書は、科学者から人類へのとても重要な警告です。科学の世界でこれまで発表された中でも、最も重要な報告書ではないかと思います。地球温暖化が1・5度に近づいた時に我々が直面するリスクの全体像を示した報告書は、これが初めてです。気温上昇が2度に近づけば、その影響は全世界に及び、非常に大きな社会的、経済的な被害をもたらすでしょう。

この特別報告書が発表されたのはプラネタリー・バウンダリーに関する最初の論文が発表された2009年から、ほぼ10年後というタイミングでした。2009年の時点で、我々のような気候変動や地球システム分野の専門家は、1・5度の気温上昇にプラネタリー・バウンダリーを設定していました。

というのも、1・5度を超えてしまうと、自己強化型のフィードバックのサイクルが始まることで地球が温暖化の悪循環に陥ってしまい、さらに気温上昇が加速する可能性があるのです。(自己強化型フィードバックとは、外からの力がなくても、それ自体の力で、どんどんある方向に向かうシステム。ポジティブ・フィードバックともいう)

ですから、今回の地球温暖化に関する1・5度特別報告書が出る10年も前から、すでに我々は科学的データをもとに警告を発していました。

それだけに、今回のＩＰＣＣの報告書は、科学界から人類全体に対する警告のメッセージという意味で、非常に重要なステップだと思います。しかも、科学界がこれだけ明確なメッセージを発したのはこれが初めてです。

報告書は「世界の温室効果ガスの排出量を直ちに減少に転じさせなければならない。数年以内、できれば２０２０年にも減少に転じさせて、２０３０年までに半減する必要がある」と主張しています。つまり「この10年で半減せよ」と言っているのです。

ＩＰＣＣがここまで明確に我々が取るべき道を示したことは、これまでありませんでした。いままでに明らかになった科学的根拠から、1年あたり6〜7％のペースで温室効果ガス排出量の削減が必要なことが分かりました。これはすなわち、化石燃料を使わない世界経済の確立に向けた、全世界規模のエネルギー革命が必要だということです。科学界がこれだけの根拠をもって明確に意志を示したことは、非常に意味があることだと思います。

Q　産業革命前と比べて、世界の平均気温はすでに1度上昇し、大気中の二酸化炭素濃度も400ppmを超えていますね。

現在は、1万2000年前に最後の氷河期が終わって以来、最も高い気温、つまり生物物理学的に見て「天井」に達してしまっているのです。これは非常に深刻な状況です。

加えて、気温が1度上昇した現状で、すでに大きな変化が起きている点にも注意が必要です。干ばつや洪水などの自然災害が起きる頻度が上昇していますし、山火事や海面上昇も増え、すでに地元の住民に深刻な影響を及ぼしています。

さらに、各地域の気候のパターンも変化しています。北半球の高気圧と低気圧の動きに大きな影響を与えているジェット気流に蛇行が生じたことで、シカゴで大寒波が発生したり、ヨーロッパが熱波に見舞われたりしています。このように、たった1度の気温上昇でも、すでに目に見える変化が起きているのです。加えて、私が憂慮すべきだと捉えているのは、大気中の温室効果ガス濃度が、人類がガスを排出するペースと比べてより速く上昇している点です。なぜ、人間が化石燃料を燃やすよりも速いペースで地球が温暖化する兆候を見せているのか。これは科学で解明すべき謎です。

次第に明らかになってきたのは、実はこのことは、地球の二酸化炭素吸収能力が限界に達しつつあることを示す初期の兆候ではないか、ということです。人類が発生させた温室効果ガス全体のうち50%は、海や森林が吸収しています。いわばこれは、自然が世界経済に与えてくれる最大の「補助金」だといえるでしょう。過去150年間、この50%を吸収する能力は、我々人類に無償で提供されてきました。しかし、最近4、5年のデータを見ると、この能力が落ちてきていることを示す兆候が認められます。そのため、人間が今後、化石燃料の燃焼による温室効果ガスの排出量の増加ペースを鈍化させても、大気中のガス濃度が上昇し続けてしまう可能性があります。

気温が1度上昇した現時点で、脱炭素化に向けて早急に手を打つ必要があると考えるのは、それが理由です。気候への影響については、すでに非常に危険な状況に直面しています。こうした事実は、とても重要なことを教えてくれます。それはすなわち、人類が安全に暮らせる気候を将来的に維持したいなら、化石燃料から脱するだけでは不十分だということです。石油や石炭、天然ガスを使わないだけでなく、生態系全体を回復させなければなりません。海、森林の回復力を強化し、土壌を健全化する必要があります。このように地球のすべての要素を改善させることで、我々人類は「プラネタリー・バウンダリー」を意識した世界を実現できるのです。

Q　プラネタリー・バウンダリーとは、どのような概念なのですか。

様々な科学的根拠から、いまの世界は全く新しい地質年代「人新世」に入ったと考えられます。この人新世という時代は、我々人間が、地球全体の変化を促す最も大きな要因となった時代として定義されます。人間が中心となったことにより、気候など地球の状態を左右する生物物理学的プロセスの多くが「天井」にぶつかっています。

人新世に入ったのが事実なら、我々はいかに未来の舵取りをすべきなのでしょうか。人間は地球全体をリスクに晒し始めています。であるなら、地球の状態を調整する環境プロセスにはどんなものがあるのか、この地球を安定状態に保つために必要な要素は何か、そうしたことを知る必要があります。

こうしたプロセスを特定できれば、科学的な限界（バウンダリー）を数字で示すことが可能になります。人間にとって暮らしやすい未来が確保できる〝地球の許容範囲〟を特定するわけです。自然科学の立場から見て、地球には限界があります。私たちがこの限界を超えなければ、持続可能な地球の未来を手にすることができるでしょう。逆にこの限界を超えてしまえば、取り返しのつかない臨界点＝ティッピングポイントを突破し、地球は人類が耐えられないような環境に激変する恐れがあります。

Q　博士は2018年に、ホットハウス・アースについての研究論文を発表されました。なぜいま、この研究に取り組まれたのでしょう？

プラネタリー・バウンダリーという研究分野は、地球が機能する仕組みに関する知識を体系付け、臨界点を超えた際のリスクを解明する試みです。臨界点を超えると、自己強化的にひとりでに進んでしまう変化が起き、人類にも変化が止められない状況に至ります。

この分野の研究が進む中で、地球の状況を定義付けるさまざまなシステム、例えば気候や水の循環、森林や海洋などには、複数の「安定状態」があることが分かってきました。そして、それぞれが臨界点、つまり閾値で区切られていることも分かってきました。

一定の範囲内でこれらのシステムに強い負荷をかけても、自然のレジリエンス（回復力・強靭性）が強ければ、熱帯雨林やサンゴ礁、温帯林、グリーンランドの氷床などは現状のまま維持されるでしょう。しかし、臨界点を超えるほどの負荷をかけた場合は、自己強化的な変化が起き、別の安定状態へと移行します。現在は、このメカニズムは温暖化を促進する方向に働きます。

例えば、氷が溶けて臨界点を超えると、さらに氷床の融解が促進されます。なぜなら、氷の表面が溶けると、表面が黒っぽくなってさらに太陽からの熱を吸収し、このこと自体が温暖化を加速するのです。これに対し、非常に安定した氷床は真っ白で、太陽の熱のうち95％を跳ね返します。この場合のフィードバックは、地球にとっていわばクーラーのような自動冷却システムになります。このように、氷床のフィードバックには、安定した氷の状態を保つか、あるいは温暖化を促すか、二つの方向性があり、後者の状態になるとさらに温暖化が加速されます。

これらの知見から導き出されるいくつかの疑問は、とても重要です。「人類の化石燃料使用による気温上昇が2度に達したら、何が起きるのか」「人類がこのまま化石燃料を使い続け、温暖化が進行した場合、臨界点を超えるリスクにはどのようなものがあるのか。地球はどんな反応をするのか」、そして「2度上昇の段階で発生する可能性のある自己強化型フィードバックにはどのようなものがあるのか」という疑問です。

これまでも、こうしたフィードバックがリスクになるとの指摘はありました。しかしそれは、3〜5度の気温上昇で起きるものとされていました。しかし知見が深まるにつれ、現時点で分かっている限り、2度の気温上昇でも臨界点を超える可能性があることが判明しました。実は2度の時点でも、フィードバックがプラスされると、気温上昇幅が約2・4度まで押し上げられるリスクがあります。現在分かっている限りでは、気温の上昇が2・4度に達すると、ドミノ現象を引き起こす恐れがあります。人類が自ら招いた気温上昇により、地球全体のシステムにおける様々な要素が連鎖反応を起こして臨界点に到達し始め、さらに温暖化が加速するというわけです。そうなれば、ひとりでに進んでしまう自己強化型の変化が起き、地球がホットハウス・アースへと変化します。まさにドミノ現象が引き起こす帰結です。

ですから、我々が伝えたかったメッセージは、まだ初期の温暖化がそれほど進んでいない段階でも、一度スイッチの「オン」ボタンを押してしまったら、ホットハウス・アースへとつながる、不可逆のプロセスを引き起こす恐れがあるということです。一夜にしてホットハウス・

アースになることはありませんが、一度プロセスが始まれば引き返すことはできません。地球というシステムには慣性の法則があり、変化はゆっくりですが着実に進むからです。そして、その「オン」か「オフ」、どちらかのボタンを押してしまう時期は、思っているよりも早くこの数十年の間にやってくる可能性があるのです。

今回、ホットハウス・アースという考えを世に問うたのは、私たちが直面している2度の温暖化でも、臨界点を超え、ドミノ現象を引き起こすきっかけとなる危険性があるからです。そしてそうなれば、いずれホットハウス・アースの状態に陥ってしまいます。

ここで一つ強調しておきたいのは、これは現時点で科学界が把握している地球の状況に基づいたもので、本当に2度が臨界点だとはっきりしたわけではない、という点です。今回の論文では、現在の我々の知識や最大限精度の高い推測に基づくと2度前後だということが分かった、ということを示しています。今後は、この臨界点のより正確な位置を把握することが、科学界の課題になります。

とはいえ、ホットハウス・アース論文には、これまでにない非常に重要なメッセージが含まれています。思い出してほしいのですが、パリ協定では、平均気温の上昇を2度未満に収め、さらに1・5度未満をめざすという、画期的な合意に至りました。いまから振り返ると、これは本当に驚くべき成果です。パリ協定の交渉であのような目標を掲げ、世界の指導者が合意に至ることができたのは、とても運がよかったと思います。というのも、当時はホットハウス・アースという科学的概念がまだなかったからです。

「2度未満」という基準で政治家たちが合意したのは、当時の科学的研究では……当時といっても2015年の話ですが、「気温上昇が2度に近づけば、気候変動が社会や経済に与える影響やコストが非常に高くなり、対応が難しくなる」と考えられていたからです。気候変動により住む土地を追われる人が出る、異常気象による巨額の経済的損失が生じる、全人類に十分な食料を確保するのが難しくなる、といったコストです。

こうした気候変動の影響は数多く指摘されていましたが、ホットハウス・アースへと向かう、不可逆で破滅的な変化の可能性を指摘した人は、2015年当時は誰もいませんでした。「いま分かっている科学的な根拠から考えると、非常にコストが上がり、厳しい状況になり、人類が適応するのは難しい。だから2度未満に抑えよう」という主張があっただけです。

いまではホットハウス・アースという概念がありますから、温暖化は大きなコストがかかり、人が住みにくくなるというだけでなく、〝人類が住めなくなるような不可逆的な変化〟をこの地球にもたらしかねない、という警告が成り立ちます。これによって、人類が安全に住める未来を確保するためには、急速な脱炭素社会への移行が必要であることを裏付ける、さらなる科学的根拠が与えられたと私は思います。

地球はまだレジリエンスを発揮していますが、1度の気温上昇でも、すでに驚くような突然の変化が起きています。ですから、これが2度上昇になれば、さらに驚くようなことが起きると考えても、決して荒唐無稽とはいえないでしょう。ですから私は、「2度上昇しても人類は安全だ」という予想に賭ける気にはなれません。私にいえるのは、科学的に見るとまだ不確実性が高いということだけです。正確な臨界点を割り出せる日が来るかどうかすら、私には自信がありません。

不確実といってもどのくらいの幅なのかと尋ねられたら、臨界点は1度ではなく、おそらくは2度と3度の間ではないかというのが、私の見解です。最も高くて3度程度ですが、それほど高くはないと私は思っています。地球環境の変化が起きる臨界点に関して、我々の理解はかなり正確なところに近づいていると考えているからです。

かつて氷河期から間氷期に移行し、気温が4度上昇した理由として唯一納得のいく説明は、地球と太陽との距離が縮まったというものです。最初のちょっとしたきっかけを生んだのは太陽ですが、あとは全部フィードバックプロセスが引き起こしました。

そしていま、我々人間がこの時の太陽の役割を引き受けているわけです。氷河期が終わる時の太陽のように、人間がきっかけをつくり、化石燃料を燃やし、気温を上昇させました。地球というシステムを動かしたのは我々人間です。地球は今回、過去と同じような反応を見せないと、誰がいえるでしょうか。地球は何百万年もフィードバックに反応してその状態を変え、自己強化的な増幅効果からくる連鎖反応を引き起こしているのです。いま科学界が指摘しているのは、こうしたシナリオが再び起きる可能性が高いということです。

つまり最後の氷河期が終わった時と同様のふるまいを地球が見せるということです。人間の活動により少しだけ気温が上昇すると、あとは自己強化型フィードバックのメカニズムが働きます。実際、熱によって溶けた永久凍土からメタンガスが放出されています。

私たちが認識しなくてはならないことがあります。我々は150年間にわたって化石燃料を燃やし、1800ギガトンの二酸化炭素を大気に放ってきました。現在の温室効果ガスの濃度は、過去500万年で最高に達しています。これが地球温暖化をもたらしていますが、化石燃料の使用により発生した熱の95%は海が吸収しています。そのため地球はいまのところ、生物、地質、化学的プロセスの働きにより、間氷期の安定状態の範囲内に収まっています。これはつまり、人間活動によって生じた熱を、海の吸収によって一時的に「なかったこと」にしているということです。

気温が1度上昇した現状は、最後の氷河期が終わってからでは最も気温が高い状態ですが、それでも熱の95%は海に吸収されています。しかし人間は、あろうことか、さらに多くの熱を発生させています。これにより、温暖化がひとりでに加速されるポイントに達しはしないか、というのが現在の懸念です。そして連鎖反応で温暖化のドミノ倒しが起きてしまうことを恐れているのです。

Q　2度の気温上昇は、私たちの日常生活や文明社会にどのような影響を与えるのでしょうか。

まず、2度の気温上昇の時点で、異常気象が大幅に増加することはほぼ確実です。さらに強大なハリケーンが発生し、大規模な洪水や干ばつが起き、壊滅的な被害を与える自然災害が一層激しさを増すでしょう。

もう一つ確実なのは、ドミノ現象が起きる前ですら、海面が1メートル上昇することです。これは数億人単位の人々に影響を与えるでしょう。標高の低い島国は完全に消滅します。また、バングラデシュでも、人口の半分は国を離れることを余儀なくされるでしょう。このように、ホットハウス・アースに至る道のりへのスイッチを押してしまう2度上昇という閾値に達する前にも、とてつもなく大きな変化が起きるということに留意しなければなりません。

では、仮に我々がホットハウス・アースへの道を歩き始め、不可逆的なドミノ倒しの引き金を引いた場合、何が起きるのでしょうか。まずは2・5～3度の気温上昇で、通年で存在していた氷床がすべて溶けてなくなるプロセスが始まります。そうなれば10メートル、15メートル、ひょっとすると20メートルの海面上昇が起きるでしょう。これは200年、300年、あるいは400年かけて進むものですが、一度始まったら止められません。いまは1世紀で1〜2メートルの上昇というペースですが、臨界点を超えてしまったら、人間社会の知恵をもってしても適応するのは難しいほどのペースで進むでしょう。

さらに、ほぼ確実に、人類を支えるだけの食料を生産することが困難になります。これはすぐに影響のある領域です。食料の生産が難しくなるのは、全世界的に降雨パターンが変化することも理由の一つです。といっても、雨が降らなくなるわけではなく、むしろ大気中の水分は増えます。ただし水の循環サイクルが激しくなるので、大規模な洪水や長期間の干ばつなど、気候が不安定になり、食料生産が難しくなるわけです。

当然ながら、森林火災や疾病パターンの変化、生物多様性の喪失が何を招くのかは、現時点では完全には分かっていません。ただし、サンゴ礁については、2度以下の温度上昇でも、そのすべてが失われる恐れがかなり高いと考えられています。これが魚の個体数に与える影響についてはまだ分かっていませんが、食生活には大きな影響があると考えられます。魚から摂取しているタンパク質の大部分が確保できなくなるからです。これは特に日本、さらには全世界に深刻な打撃を与えるでしょう。

このように、2～4度の気温上昇でも連鎖反応が起きると考えられます。要するに、すべての人類に適切な生活環境を確保し続けることが難しくなるわけです。そうでなくても、地球の人口は今後30年の間に100億近くに達すると予測されています。そういう意味では、我々は非常に難しい状況にあります。この状況でドミノ現象がさらに続き、気温の上昇幅が4～5度に達した場合は、まさにホットハウス・アースへの道が視野に入ってきます。

気温上昇がひとたび4度に達すれば、近代文明を地球上で維持していくことがもはや不可能になる恐れが出てきます。人類が絶滅することはないでしょうが、4度気温が上昇した世界で100億の人をきちんと支えることができるかといえば、それを裏付ける根拠はいまのところ見当たりません。食料や水が不足し、疾病パターンが変化し、異常気象がさらに頻発すると見られるからです。環境の変化による難民が大量に発生し、地球上でまだ人が住める場所に多くの人が殺到するでしょう。沿岸地域は海の下に沈むため、人が住めなくなります。そしてこうした未来の世界では、最も人が多く住む地域は南極圏と北極圏になるでしょう。いまはほとんど人が住んでいませんが、将来的にはこれらの地域が唯一、人の住める場所になるかもしれません。熱くなりすぎた赤道周辺には、もはや人が住めなくなるはずです。

でも、我々が気に掛けているのは、決してはるか未来の世代だけではありません。ですから、若者たちが学校から飛び出し、金曜日のデモに参加することを、私は全面的に支持します。いまの若者たちは、将来に不安を感じて当然ですし、大人世代にプレッシャーをかけてしかるべきです。

スイッチ「オン」ボタンを押すかどうかを決めるのは、我々、いまの大人世代です。このボタンを押すにしても押さないにしても、その代償を引き受けるのは誰でしょう？　それは、我々の子どもたちなのです。

Q　つい10年前には、南極の氷床は地球温暖化が起きても、かえって厚くなると考えられていました。フィードバックシステムについても、まだ分かっていないことが多いことが懸念されますね。

おっしゃる通りです。科学は常に進歩していますから、ホットハウス・アース理論や、2度という閾値の設定は、あくまで現時点の、専門家による最善の判断を示すものであるということは強調しておきたいと思います。不確実性も高いですし、今後、基準が変化する可能性もあります。とはいえ、地球のシステムについて知識が深まるほど、このシステムが非常に繊細なものであることが分かってきています。

この結論を裏付ける、最も分かりやすい実例が、いま話が出た西南極氷床です。以前は、この氷床は比較的に温度変化に対する耐性が強く、安定していると考えられていました。しかし観測データや分析結果から、この氷床に関する力学が次第に解き明かされ、実は温度変化に敏感であることが判明しました。

ほんの10年前には、温度変化に敏感なのは北極で、南極はより安定していると考えられていました。しかし現在では、実態はほぼ真逆で、南極のほうがより温度変化の影響を受けやすいとの説が浮上しています。その理由は、海洋の温暖化により、氷河が下のほうから温められ、滑りやすい状態になるからです。つまり温度上昇で氷が溶けるのではなく、構造的な理由から滑り落ちてしまうのです。

これは科学というものが、単に進歩するだけでなく、常に変化し続ける対象を相手にしていることを示す実例でもあります。社会の他の分野でもいえることですが、常に新たな発見がある複雑な知識基盤とどう向き合っていくかという課題を示すものだと、私は考えています。

人はリスクの存在を認識している時は、予防措置を取ります。例えば、家が火事になることは望ましくありませんが、万が一火事になった時のリスク対策として、火災保険に入りますよね。リスクがあるから、保険を購入するわけです。

地球というシステムの仕組みについて科学的な知見が深まる中で、我々はこの火災保険と同じような考え方を導入すべきです。例えば、プラネタリー・バウンダリーについていえば、この境界に近づかないようにするのは、ここを越えたら真っ逆さまに落ちるという断崖絶壁の場所が特定できているからではなく、危険な領域に足を踏み入れないよう、あらかじめ避けておこうという考え方からです。

このプラネタリー・バウンダリーについての考え方を説明するのに、ビクトリアの滝の写真を例に取りましょう。この写真には、安全柵の外側、危険な滝の急流のまっただ中に立っている男性が写っています。普通の人はそんなところには立ちません。岩は滑りやすいですし、転んで滝つぼに落ちてしまうリスクがあるからです。それでも、崖の上に立っている分には身の危険はないのですが、滑りやすいところですから、私なら絶対にそんなことはしません。

つまり、多少の猶予、安全を確保するために、安全柵を作っておくわけです。地球環境についても、ドミノ現象や臨界点、さらには気候と海、海と森、森と氷の間に地球規模の連鎖反応があることが次第に明らかになっている以上、ビクトリアの滝の柵と同じように、前もって予防策を講じておくべきでしょう。

ホットハウス・アースの概念は、すべてが破滅するという世界滅亡の予言ではなく、地球をきちんと保護しよう、もはや何百年単位の時間は残されていない、いま、自分たちがやるしかない、という考え方です。「オン」ボタンを押すことを避けられるかどうかという問題です。私は押したくありません。誰も押したくないでしょう。それならば避けるしかありません。

我々に残された時間は、自分たちが思う以上に短いのです。

Q　では、ここで循環型の経済について伺います。なぜいま、循環経済が必要なのでしょうか。

前提条件として、現在の経済はもはや、うまくいっていないと認識することが重要です。これはすでに破綻したシステムなのです。いままでの経済は、人間の経済活動は、地球全体に比べてとても小規模である、という前提に立ったシステムでした。従来型の一方通行の経済をつくり出した人のことを責めることはできません。これらは、レアメタルから森林、土壌、金属類まで、あらゆる資源を自由に利用できるという前提で作られた経済の仕

世界三大瀑布の一つとして知られるアフリカのビクトリアの滝では、安全柵を越えて、滝の急流の中で写真を撮る観光客が少なからずいる。気候危機に関して、我々はこれと同様な危険な行為をしているともいえるとロックストローム博士は指摘する

組みだからです。そこに付加価値をつけて売ることで、富を築き、生活を改善できます。その途中で生じるごみは、廃棄してしまえばよいのです。そうした廃棄物は、地下水や沿岸地域、水系を破壊します。それでも、一方通行の経済はこのやり方を続けました。土地から搾り取るだけ搾り取って、汚染は垂れ流すというやり方ですね。

我々はこのやり方を150年にわたって続け、その間、廃棄物がどんどん蓄積していきました。これまでは地球のある地域の環境を破壊したとしても、その場所を捨て、他の場所を開拓すれば、それで済みました。新たに開発できる未開の場所が、常にどこかにあったからです。

しかしこのやり方では、いずれ飽和点に達します。実際、グレート・アクセラレーションによって、1950年代にはすでに飽和点に近づいていました。しかし、本格的な飽和点に達したのは1990年代になってからだと私は考えています。

そしていま、一方通行の従来型の経済は行き詰まり、未来はありません。ですから、生産と消費のシステムを使い捨てではない循環型に転換することが必要です。76億人、やがて100億人にもなる人類が、近代的なよい暮らしを続けながら、地球を安全圏に保つためには、転換は不可欠です。

一方通行の経済を続けた場合、地球の限界であるプラネタリー・バウンダリーを超え、ホットハウス・アースへと向かうことが避けられません。あるいは、人類が自らを犠牲にして、近代的な生活を諦めるしかありません。

つまり、安全圏を確保した上で良好な生活環境を維持するには、循環型経済とそれを支える理論の適用が不可欠です。これは実際には、何を意味するのでしょう？ 熱力学の理論から言うと、エネルギーを100％循環させることは不可能です。循環過程のどこかでエネルギーが漏れてしまうからです。それでも、自然から搾取したものを自然に返すという手法には、大きな可能性があると思います。私たちは食料の生産から車の製造、プラスチックの使用、家の建設など、あらゆる人間の活動に関して、循環化を試みてきました。循環型の生産システムをめざして、多くの技術革新とビジネスチャンスが生まれます。これこそが未来です。これこそが今後をリードする原則になるべきです。


循環経済に異を唱える人たちもいますが、私から見ると現実が見えていないのではと思います。完璧でなければ意味がないという考え方が、世の中を改善する障害になっている現状があるからです。いますぐ完全な循環経済が達成できないからといって、循環型をめざす原則は間違っていません。質の高さを追求するよりも、一刻も早く始めるべきです。

その一例が食料供給システムです。例えばドイツのベルリンで赤身の牛肉を買うと、その牛肉は集約農業が行なわれているブラジルの農場で生産されたものであるケースがほとんどです。

こうした農場では、肉牛に大豆を与えていますが、その大豆は、以前は熱帯雨林だったところを切り開いた畑で栽培されているものです。熱帯雨林を伐採して栽培された大豆が、肉牛に飼料として与えられるわけです。その後、肉牛は食肉に処理され、大西洋を渡ってヨーロッパへと出荷されます。そして、非常に廉価な消費財として販売されます。そもそも、私たちは肉を不健康なまでに食べすぎています。肉を食べたあとに生じる排泄物は下水に流れ、水系を汚染します。このように、一方通行のシステムは、熱帯雨林からドイツの下水に及ぶまで、あらゆるものに悪影響を与えており、どこかで循環型に転換する必要があります。

その転換はどのようにすればよいのか。循環経済への転換は、さまざまな経済政策と人々の行動の変化を組み合わせる形で行なわれるべきだと思います。私たちも肉の消費量を減らし、地元でとれる食材をより積極的に用いて、地域社会の中で循環経済を実現するべきです。

単に循環経済の構築を理念として掲げるだけでなく、バリューチェーンのあらゆる段階で、それぞれに実際の環境コストを負担させることで、生産システムは、完全にではなくとも、ある程度は循環型に移行していくでしょう。

Q　大量生産・大量消費の象徴でもあるプラスチックについては、どうお考えですか。

プラスチックは、私たちが世界規模で直面している課題の象徴的な例です。プラスチックは河川などの水系を経由して、生態系を構成する海や陸地に拡散しています。いまは、一方通行の経済の中でも特にプラスチックの使用を劇的に削減することが求められていると思います。速やかにプラスチックの使用量を減らすことはできるはずですし、そうしなければなりません。その意味で、プラスチックの使用を禁止する法制度は非常に重要であり、有効な手段だと思います。

イタリアではこうした政策が実施されていて、化石燃料から作られた使い捨てのプラスチック袋を小売店で使うことを禁止しています。これは前向きなステップだと思います。これに加えて、どうしてもプラスチックを使わなくてはいけないものについては、リサイクルを導入するべきです。ただし、リサイクルシステムを実際に機能させるには、かなりのインフラ投資が必要です。

北欧の国々では、消費者の協力もあって、なんとかシステムが機能しています。こうしたシステムでは、消費者もアルミとその他の金属、プラスチック、ガラスなどを分別することを要求されます。さらに回収されたプラスチックを活用する手立ても必要で、投資も発生します。

全体的な使用量を削減していくとともに、全廃は難しいタイプのプラスチックについては、リサイクルを促進していく必要があるでしょう。

ここで再びクローズアップされるのが技術です。通常のプラスチックの代替として、生分解性のプラスチックを導入するといったものです。ただし、自然界に捨ててしまえば、これも通常のプラスチックと同じように、ごみになります。それでも、あらゆる戦略を同時に組み合わせて実行すべきです。

Q　IPCCの特別報告書が警告しているように、早ければ2030年に気温上昇が1・5度に達しているかもしれません。私たちに可能性は残されているのでしょうか。

はい、我々にはまだ可能性が残されていますし、将来的に気温上昇を1・5度に抑えられる機会はあると思います。IPCCの報告書が明確に示しているように、一時的に目標値を上回るリスクがあるとはいえ、今後10年、20年の間に森林破壊を止め、炭素吸収源となっている自然の生態系を保護すれば、1・5度という目標を少し超えたとしても、2度に至ることは避けられます。

今後10～20年間、気温上昇を2度未満に抑えるには、排出量削減はもちろん、森林などの炭素吸収源を健全な状態に保つことが不可欠です。それがなければ、目標実現は相当難しいと、私は考えています。

今後10年間、何も変えることなく、いまのままの状態を続ければ、全世界の年間炭素排出量は現在の40ギガトンから毎年2%上昇し、2030年には50ギガトンに達します。その場合、1・5度という目標を守るための世界的な炭素排出枠＝カーボンバジェット（炭素予算）を使い切ったことになります。そうなれば2度上昇への道をまっしぐらに進み、2040年から2050年には2度をも上回ってしまうでしょう。

ですから、可能性は残されていますが、今後10年の行動がカギを握ります。これからの10年が人類の未来を決めると言っても過言ではありません。

今後10年間がどうなるかは、我々の決断にかかっています。これから10年間に必要なのは、まず「まだ引き返す余地は残されている」という点を認識することです。私もそうですし、自然科学、地球科学の専門家の大部分は、全世界の炭素排出量を減少に転じさせることは可能だと考えています。地球の環境を安全圏に収めることができれば、危険な方向への不可逆的な変化を起こさずに済むはずです。

その上で、我々が第一にやるべきことは、二酸化炭素排出量の上昇カーブを下降に転じさせることです。できれば2020年には排出量を削減に転じさせ、2030年までに排出量を半減させられれば、少なくとも気候学の主流の学説に従えば、地球にまだ残っている二酸化炭素の吸収能力によって、なんとか環境を安定した状態に保つことができると考えられます。

我々人類にこれは実現可能でしょうか。私は可能だと考えています。何より2015年と2016年の2年間は、実際に排出量の上昇速度に減速が認められたからです。非常に期待の持てる結果でした。上昇の一途をたどっていた排出量が、突然この年になって、その伸びが鈍化したわけです。「化石燃料時代の終わりの始まり」に向けて、世界が動き始めた可能性があります。残念ながら、2017年に排出量は再び増加に転じましたが、いまはちょうど、化石燃料に頼らない生活というものが、もはや机上の空論ではないというところまで来ています。

ヨーロッパ諸国の多くは、排出量を削減しながら、経済発展をめざす未来像を描きつつあります。このようにいまでは、より近代的で魅力ある未来像を描くことが可能になりました。リスクは山積していますが、それでも安全圏へ戻ることができる可能性はあると私が希望を持っているのはそのためです。ほんの10年前には、環境についての議論の中心は「地球を救うために、近代的なライフスタイルを犠牲にする心の準備はあるか」というものでした。その時代なら私も「残念だが、うまくいかないだろう」と予測していたはずです。

でも、いまは事情が違います。サステナビリティは成功への道筋です。未来の新たな世界へと導く道筋なのです。ですから、望みはあると私は考えています。いま、私が最も恐れているのは、化石燃料の全廃が可能か否か、という問題ではありません。私自身は、人類は化石燃料に頼らない未来を実現すると信じて疑っていません。ただし問題は、移行が間に合うかという点にあります。

いま地球が不安定化する瀬戸際にあることは、科学的には明らかです。もし不安定になったら、地球に住む人間には、悲惨な未来が待ち受けています。しかし科学は、我々人類にまだ可能性があることも示しています。地球を危機に陥れずに暮らせる安全圏の中で人間が行動を起こし、プラネタリー・バウンダリーの中で、繁栄や社会的平等を実現する道は残されています。

これからの10年間は、今後も人類が繁栄していけるかを決める、非常に重要な期間になるでしょう。これは人類にとってとても重要な時期であり、おそらくは過去のどの時期と比べても、人類の運命を決める、最も重い決断を下す10年間になるはずです。

トーマス・フリードマン

続いての英知は、ニューヨークタイムズのコラムニスト、トーマス・フリードマン氏。

1953年アメリカ・ミネソタ州生まれの世界的なジャーナリストで、権威あるピュリツァー賞を3度も受賞している。国際関係、外交政策がメインテーマで、中東問題には特に造詣が深い。加えてフリードマン氏は、早くからグローバル化の課題や気候変動が安全保障に与える影響についても独自の考察を行なってきた。

主な著書に『レクサスとオリーブの木 ―グローバリゼーションの正体』（草思社）、『フラット化する世界 ―経済の大転換と人間の未来』『グリーン革命 ―温暖化、フラット化、人口過密化する世界』、最新作に『遅刻してくれて、ありがとう ―常識が通じない時代の生き方』（いずれも日本経済新聞出版社）がある。

私は、カメラクルーとともに、フリードマン氏の仕事場があるニューヨークタイムズのワシントン支局を訪ねた。国際ジャーナリストらしく、膨大な書籍の合間には世界各地の土産物が飾られ、自席には

ジャーナリストのトーマス・フリードマン氏はニューヨークタイムズのコラムニストであり、ピュリツァー賞を３度受賞した経歴を持つ

さりげなく、おしゃれなボルサリーノ帽が掛けられている。

フリードマン氏は、気候変動がテーマでエミー賞を受賞したアメリカのドキュメンタリーシリーズ『危険な時代を生きる』で、シリアの干ばつが引き起こした内戦の現場を自らルポ。66歳になるとは思えないパワーとエネルギーを感じさせる人物だ。ロックストローム博士のことは〝環境問題の師匠〟だと語っている。そのインタビューの抜粋をご紹介しよう。

Q　あなたは、IPCCの1・5度特別報告書について、どう受け止めておられますか。

私はヨハン・ロックストローム博士の理論を深く信じています。博士によれば、私たちは地球という惑星のことを、自分の体と同じように考えなければならない。自分の体の限界は正確には分からないが、体温が上がりすぎれば死ぬことは分かっている。体温が下がりすぎても死んでしまう。同じことが母なる自然についてもいえるのです。

自然にはプラネタリー・バウンダリーがあります。海洋生物やサンゴが死なないためには、海の中に流し込める酸はこのくらいまで。熱帯雨林が死滅してサバンナになってしまわないようにするためには、森林破壊が許容できるのはこのくらいまで。地球が二酸化炭素の層に覆われてしまい、人類の生命を維持できないくらいまでに気温が上がらないようにするには、大気中に排出していい二酸化炭素の量はこのくらいまで、とか。

いくつかの象徴的な数値からＩＰＣＣの報告書が言おうとしているのは、我々が幅広い分野で、限界＝プラネタリー・バウンダリーに近づきつつあるということだと思います。空気とか水とか植物といった生物圏（バイオスフィア）の豊かさは、我々人間の生命を21世紀にも維持していくために必要なものであるにもかかわらず、です。

誰にでも限界があるのです。人体に限界があるように、地球にも限界があります。私たちはその限界に近づいていますが、それに気づくのは、すでに限界を超えてしまった時。手遅れになった時です。

最近の私のモットーは、「もっとあとで」というのは明らかに終わったということです。１９５０年代、私がミネソタで子どもだった頃は「もっとあとで」で済みました。「この川をきれいにしたい、オランウータンを救いたい……いますぐに？　いやもっとあとで」。でも、そんな時代はもう終わりました。「あとで」では遅すぎる。だから救えるものは、どうか「いま」救ってください。

母なる自然についていえば、自然とは、化学、生物学、物理学……ただそれだけです。おだてたり、黙らせたりできるわけではありません。私の師でもある、グリーンビルディングを発明したロブ・ワトソンが教えてくれましたが、母なる自然に向かって「ちょっと不景気なので、

1年ばかり大目に見てもらえませんかね」とは言えません。だめです。母なる自然はいつでも、化学と生物学と物理学の言う通りにするだけです。アメリカ人と同じく日本人も大好きな野球に例えれば、母なる自然はいつも最後に必ず打ちます。しっぺ返しという意味ですが、いいですか、10割ですよ。いつでも法則通り、完璧なんです。だから母なる自然に手を加えてはいけません。それこそまさに、我々がいま、していることなのです。

私たち人間には正直、限界がどこかは分かりません。限界を過ぎて初めて、そうだったと分かるのです。だから予想より早く進む分野もあれば、遅い分野もある。海では遅くても、森では早いとか、本当のところは分からないのです。分かっているのは、超えたくない限界に近づいているということだけです。

ロックストローム博士の言うように、我々はこれまで、完璧な楽園ともいえるいい気候の時代に生きてきました。夏にはちょうどいい暑さ、冬にもちょうどいい寒さ、秋にも程よくすべてが変化し、春になれば雪解けを迎える。そしてまさにこの気候が、農業や都市や文明を可能にしてきたのです。私たちが知っている気候が、たまたまそうしてくれたのです。

最大の危険は、私たちは自ら安定した気候の時代を捨て去り、新しい気候の時代に突入しようとしていることです。人類が発展してきた文明も、農業も都市も、いままで通り維持できるか全く分かりません。まさにリスクです。私たちは、地球のエコシステムを、これまで私たちが暮らしてきたエデンの園を、全く違うものに作り変えてしまうんですよ。いいんですか？

旧約聖書のノアは、地上のすべての動植物の最後のつがいを洪水から救うよう神のお告げを受けました。いまは、私たち自身がその洪水です。そして同時に私たちは箱舟も造らなければならない。我々は、いわばノアの世代であり、最後のつがいを救うというノア世代の仕事を成し遂げなければならないのです。

ですから私は、亡き偉大な環境学者ドネラ・メドウズ（『成長の限界』著者）が、我々の置かれた状況について言った言葉が好きなのです。私たちには、いますぐ始めて、ぎりぎり間に合うだけの時間しかありません。１分たりとも無駄にできないのです。

Q　確かに、私たちにはあまり時間がありません。気温上昇が1・5度に達してしまう恐れのある2030年はもうすぐです。トランプ大統領だけでなく、ブラジルにもミニ・トランプといわれるボルソナロ大統領が登場し、二酸化炭素の排出量も再び増加に転じています。2030年までに我々はパラダイムシフトを成し遂げることが本当にできるでしょうか。

現状では非常に難しいと思います。ここアメリカにはトランプ大統領がいますし、ブラジルの大統領が脅しでなく本当に熱帯雨林をなぎ倒すようなことをすれば、もうこれは狂気の沙汰です。これは全く、ただの狂気です。

すでに申し上げた通り、母なる自然はただ化学と生物と物理の法則に従うだけです。この3つの言う通りにするだけです。人間はいま、母なる自然をめちゃめちゃにしているのです。自然を愚弄しています。自然に対して「出し惜しみせずに、あるものを出せよ」と言っている。でもある日、目覚めたら、自然には本当にもう何も残っていないでしょう。

Q　あなたは、最新作『遅刻してくれて、ありがとう』の中で、グローバル化の加速とテクノロジーの加速、気候変動の加速という3つの加速に直面していると分析していますね。どのような相互作用があるのでしょうか。

いま世界で起きていることほとんど何でも、この3つの相互作用で説明できます。

シリアの内戦を例に挙げましょう。皆、「シリアの惨事は政治的革命だった」と言います。確かにそうでした。でもあの出来事は、シリアの近代史において最悪の5年にもわたる大干ばつから始まったのです。100万人ものシリアの農民や牧場経営者が土地を追われ、大都市に群がらざるをえなくなったのに、政府は彼らのために何もしなかった。それから彼らは携帯電話を手にした。テクノロジーが加速しましたからね。そしてアラブの春やグローバリゼーションとつながった。ですからこうしたことが皆、互いに影響を与え合ったんです。

こうした3つの加速の一番大きな影響はなんでしょうか。多くの弱小国がこれについていけないということです。ですから、こうした国々が気候変動の加速によって、崩壊する危険性に留意しなければなりません。

いま、近代において初めて、こうした国々が実際に崩壊し国民が血を流し始めているのです。その影響というのは、世界が大きく二分されるということです。もはや東西でも、南北でも、共産主義でも資本主義でもなく、「秩序がある世界」と「ない世界」に二分されていくのです。

北半球でいえば、エルサルバドル、ホンジュラス、グアテマラの3か国が中米で最も森林破壊の進んだ国ですが、彼らは木を伐採し、彼らの子どもたちの未来を奪う結果になっています。基本的に彼らの生態系は崩れつつあるからです。これらの国々は、文字通り国民を犠牲にしながら崩壊に向かっているのです。

サハラ砂漠下のアフリカの国々は、気候変動や人口爆発に苦しんでいます。これらの国々は存続さえ危ぶまれ、国民は苦しみ、どこへ行くかというと地中海を渡ってヨーロッパへ行こうとする。移民、難民と呼ばれる人々です。中央アメリカの人たちはどこへ行くでしょうか。彼らはメキシコを越えてアメリカへ行こうとする。

ですから私たちは、こうしたテクノロジー、グローバル化、気候、人口の加速によって、広大な無秩序ゾーンを生み出しているわけです。そして、その結果、世界で何が起きているでしょうか。一番重大なのは、無秩序の世界に住んでいる人たちが、そこから抜け出して秩序ある世界に移ろうとすること。そのことが、秩序ある世界の政治を変え、ポピュリストやナショナリストの反発を生んでいます。

日本は島国です。ですからいまのところはこうした動きから隔離されていますが、間もなくすべての秩序ある世界の人が、無秩序の世界の人に占領されるでしょう。私が指摘しているこうした3つの加速は、ますますひどくなるばかりですから。

Q　やはりパラダイムシフトが必要でしょうか。

ここに一つ、誰もが否定できないものがあります。ごくごく簡単な数学です。現在、地球には70億人以上が住んでいます。そして2030年、いまから10年後にはさらに10億人くらい増えます。その人たちが皆、日本人と同じように魚を食べたい、アメリカ人と同じように牛肉を食べたい、中国人と同じように車を運転したいと言ったら、地球はアル・ゴアが予想するよりずっと早くオーバーヒートし、燃え尽きてしまいます。

ですから、次の大きなグローバル産業は、クリーンウォーター、クリーンパワー、そして省エネでやっていかなければならない。そうでないと、私たち人類は生物学的に不幸な実験台として犠牲になってしまいます。

一番しなければならない大事なことは、これは政治的視点から見てですが、否定論者たちを「これは経済的にチャンスだ」と言って説得することです。まあ否定論者ではない人は、すでに仕事にとりかかっていますがね。それが私自身、一番重点を置いていることです。なぜならエネルギーと環境、気候変動の緩和というのは、スケール＝規模の問題が重要だからです。

そしてスケールを手に入れる唯一の方法は、新しい規則や税金や基準で市場を形成し、市場メカニズムを最大限に活かすことです。

日本のように経済的なリーダーとなる国は、次世代のグローバルな産業をリードしていかなければなりません。日本はこうした産業に関して途方もなく有利です。こんなにたくさんの人が小さな島国に暮らしていますから、工業的な基盤ができていて、効率的なエネルギーの使い方をすでに確立しています。日本はこうした新しい産業でリーダーになることができますよ。ちょうど第二次大戦後に自動車産業で先頭に立ったようにね。もともと日本は、非常に賢かったと思います。毎年、最先端の機種が出て、最良の省エネエアコンとか、最良の省エネ自動車とか、他の機種のお手本となっています。

パラダイムシフトを起こすには、アメリカも含め、すべての分野で、市場を作り変えるのです。なぜなら「母なる自然」より強いのは「市場」だけですから。人間の欲望の力を父として、市場を変え、グリーンかつクリーンで、効率的なものだけを解決策にするよう整備すれば、物事は非常に速く進みます。それが、私たちがしなければならないことです。

でもそれをするには、政治的なコンセンサスが必要です。市場のルールは政策決定者が作るものですからね。その必要をすでに信じている人もいますが、信じていない人もいますよね。私はその人たちを「これは途方もない経済的チャンスであり、偉大なアメリカへの道なのだ」と言って説得しようとしています。私はこれは、本当に一つのチャンスだと思っています。日本にとっても、アメリカや他のあらゆる工業先進国にとっても、これは素晴らしい機会なのです。

Q　化石燃料や地下資源に依存する20世紀型のビジネスでは、地球は限界を迎えてしまうということかと思いますが、世界の動きをどう見ていらっしゃいますか。

中国のことは、大変高く評価しないといけません。一つには、中国は独自の規則と膨大なエネルギー消費とも相まって、ソーラーパネルの価格をテニスシューズと同じくらいまで下げました。おかげで太陽光発電が普及しましたね。中国は炭素税も導入しようとしています。いま、中国は、巨大なエネルギー消費国であり石炭利用国です。でも結局のところ、中国は、市場を再形成して次の大きなグローバル産業のリーダーになろうと真剣に考えています。ですから、アメリカより高く評価しています。私はアメリカ人として、私の国がサウジアラビアからの石油輸入の代わりに中国からソーラーパネルを輸入し始めて、アメリカでは何も製造しなくなるのを非常に心配しています。

インドはこれまで進歩がゆっくりでしたが、いまではモディ首相が状況を把握したと思います。首相は、インドが新しいグリーンビジネスの分野で再び強力なリーダーになれることを理解したのです。そしてたくさんのインド企業が、いまでは特に風力や太陽光発電、そして省エネの分野に進出しています。中国よりずっと貧しいので先は遠いですが、でも間もなく追いつくと思います。

中東は巨大で、大変な悲惨な地域です。多くの政府が、直接的にしろ間接的にしろ、基本的には石油に頼っていて、石油後の時代に必要な人の才能や能力を養成してきませんでした。いまは、この方向に向かい始めた国もありますがね。サウジアラビア、エジプトは少しばかり動いていています。ヨルダンには大きな太陽光発電会社がありますが、もっとずっと速いペースで転換する必要があります。そうでないと、この新しい時代に、石油や化石燃料が急速に無価値になっていくのを目にして、驚くことになると思います。

ちなみに世界には2種類の国があります。石油採掘で発展する国と、人を発掘して発展する国です。後者の代表は日本です。資源はほとんどありません。でもあなたたちは、本当にラッキーですよ。日本は人材以外、ほとんど資源がないでしょう。だからあなた方は人材を発掘してそのエネルギーと創造性と才能を活かし、優秀な国際企業を発展させてきた。アラブ世界もそうしなければなりません。人を発掘するのです。ただ油田やガスを掘るだけじゃなくね。国民こそが枯れることのない油田なのです。日本は、本当にラッキーなんですよ。

Q　変革のカギとなる循環経済については、どうお考えですか。

広い分野にわたって、これから私たちは、基本的に何をしても排出物をゼロにする方向に持っていかなければなりません。

循環経済で大事なのは、4つのゼロ、ハル・ハーヴェイ（エナジー・イノベーションCEO）の言う「4ゼロ理論」です。つまり私たちは4つのゼロをめざさなければなりません。一つは廃棄物ゼロの産業、それからエネルギーゼロの建物、使うだけの電気を発電する建物ですね。そして排出量ゼロの交通、そして炭素ゼロの発電です。私はすべての社会のゴールがこの4つのゼロであるべきだと思います。そうしたら望ましい循環にたどりつくことができるでしょう。

そうすればエネルギー、公害、排気ガス、廃棄物に関する明確な戦略の下、経済成長ができるからです。それがすべての人の目標であるべきだと思います。私は4つのゼロを、心から信じています。私はいま、大量生産大量消費の国アメリカで暮らしていますが、とにかくこれまで通りのやり方では、もう続けられないのです。

純粋に我々が工夫できるかどうかの問題です。例えば、ソーラーパネルやソーラーペイントを壁に設置して、使うだけのエネルギーを生産する家やビルを設計できるか。これは技術的な問題です。太陽光発電、風力発電、バイオマス、水力などの発電システムと直結した電気自動車を造れるか。つまりクリーンな電気で走る排気ガスがゼロの車、二酸化炭素の排出がゼロの車になるようにするのです。単に電気自動車というだけでなく、クリーンエネルギーで走る車ということです。

100％再生可能な資源から発電する発電所から、基盤となる電力を得ることができるか。素晴らしいと思いませんか。私たちの世代の人類にとって、最も大切な数字は「ゼロ」です。いろいろなゼロをめざせますよ。廃棄物ゼロ、排気ガスゼロ、公害ゼロ、ゼロエネルギー……。そしてこの「ゼロ」という数字は、私たちの世代、そして私たちの子どもたちにとって、ものすごく大事になるのです。すべての中心となるでしょう。エネルギー消費と環境への影響に関しては、ただひたすら「ゼロ」になるようめざすのです。

Q　脱プラスチックの動きについては、どうご覧になりますか。

これほどのプラスチックが海洋生物に与えている影響を見ると、疑問の余地はありません。特に人口が80億を超えたら、海洋生物は絶対に必要な資源です。もちろん、すべての使い捨てビニール袋、ストロー、カップを禁止するべきです。再生可能な製品では、なぜだめなのでしょうか。過激な環境保護論者は、ライフスタイルを完全に変えざるをえなくなると言っていますが、ある意味そうなるかもしれません。いや、きっとそうなっていくと思いますね、IPCCの報告書が正しければ。でも、過激に生活を変える前に、まずプラスチック製品の禁止から始めてはいかがでしょう。比較的簡単なことから。そして海をきれいにするのです。海は次の世代にとって、炭素吸収や食料の供給源として非常に大切です。

私の言いたいことは二つ。一つは「あとで」という言葉は明らかに終わりということ。「あとで」では遅すぎます。私たちは、人類でその最初の世代です。だから救えるものは「いま」救ってください。二つ目は、循環経済です。クリーンなエネルギー、水、電力、省エネ……これは素晴らしい経済的チャンスです。そして、この次世代の巨大なグローバル産業で先頭に立つ国は、世界一クリーンで豊かで健康的な国となることでしょう。

この章のポイント

◉産業革命前から2度前後の気温上昇で、ホットハウス・アース（灼熱地球）へのスイッチを押してしまう危険性がある。

◉いったんスイッチが入ると、氷床の融解が止まらなくなり、温暖化のドミノ倒しが起きてしまう。10メートル以上の海面上昇など、人類文明崩壊のリスクに直面する。

◉早ければ2030年にも、防衛ラインである1.5度まで上昇。これを食い止めるには、2030年までに二酸化炭素の排出量を半減する必要がある。この10年が正念場となる。

◉従来の使い捨て経済は行き詰まり、破綻している。プラスチックの使用を劇的に削減し、循環経済に転換しない限り、未来はない。

◉地球の限界に気づくのは、超えてしまった時。今すぐ始めて、ぎりぎり間に合うだけの時間しかない。

◉4つのゼロ（廃棄物ゼロ産業、ゼロエネルギーの建物、排出量ゼロ交通、炭素ゼロ発電）をめざすべき。

◉循環経済はビジネスチャンス。次世代の巨大なグローバル産業で先頭に立つ国が、世界一クリーンで豊かになる。

第5章

正念場の10年をどう生きるか

２０３０年の私と地球

今から10年後、あなたはどこで何をしているだろうか。

健康で無事故でいられるなら、２０３０年1月、私は65歳の誕生日を迎え、〝正念場〟と自ら言い続けてきたこの10年が、あっという間であったことをしみじみ振り返っているのかもしれない。果たして私は、ジャーナリストとして、一人の人間として「大人の責任を果たして、できるだけのことはすべてやった」と胸を張れているだろうか。それとも「どこかで見えない未来への分岐点を曲がり損ねてしまった」と後悔しているだろうか。

目を閉じて、２０３０年の自分と地球を想像してみる。人類が目標としているＳＤＧｓは達成されているだろうか。東京、パリ、ロサンゼルスといずれも北半球の真夏に開かれることが予定されているオリンピック・パラリンピックは、無事に終えられたのだろうか。会期中に異常な熱波や山火事、大洪水が襲うようなことは起きていないか。冬季五輪に至っては、そもそも雪の量が足りない中で、開催が可能だったのだろうか。

そしてＩＰＣＣが警告していた、世界の平均気温が産業革命前に比べて「早ければ２０３０年にも、1・5度上昇する」という事態は、避けられているのだろうか。

ホットハウス・アースのスイッチボタン

２０１９年11月、トランプ大統領が正式にパリ協定の離脱を通告した翌日、世界１５３か国の１万１０００人以上の科学者が「人類は地球温暖化による『気候の緊急事態』に直面している」と警告する論文を専門誌に掲載した。気候変動による危機が加速しており、「予想よりも深刻で、生態系や人類の運命をも脅かしている」として、科学者の氏名とともに発表したのだ。

科学者たちの危機感は日増しに強まっている。

ロックストローム博士が語るホットハウス・アースという理論を、あなたはどうお感じになっただろうか。博士は気温が１・５度を超えてさらに上昇を続け、２度程度上昇すると、その後、いかに人類の叡智をもって二酸化炭素削減の努力をしたとしても、気温が４度程度、自動的に上昇する物理的なメカニズムがありうることを警告している。

誤解のないように繰り返すと、博士は、例えば2度を0・1度でも超えたらアウトで、ホットハウス・アースのスイッチボタンが押されてしまう、と言っているのでは決してない。「ティッピングポイント」といわれるその数字はまだはっきり分からないし、起きるメカニズムも完全に分かっているわけではない。ただし、現在の最新の科学の知見を総合すれば、２度程度上昇すれば、いつそのスイッチが入ってもおかしくない、と言っているのだ。無論、他の学説もあるし、より少ない温度上昇でも危険があるかもしれない。だが、こうした事態に備えて、最悪の想定をした上でこれからの10年を生きるのと、知らないままで生きるのとでは、人類の命運は大きく異なってくるだろう。

私はもともと超文系なので、だからこそ素人判断をするのではなく、謙虚に科学者の声に耳を傾けたいと思っている。温暖化の話をする際にいつも不思議なのは、「あんな重たい飛行機が飛ぶんだよ」とか「ロケットで月に行きたい」とか言う時には、嬉々として科学の力を信じている人の中に、なぜか気候変動のメカニズムとしての物理法則は信じたくないし、関心がないという人がいることだ。無論、未解明の部分がたくさんあり、最新の学説も常に変化するのが科学だ。だが、万有引力の法則をはじめ、いくつかの原理原則はすでに私たちの文明の基盤になっている。

どこにホットハウス・アースのスイッチボタンがあるのか分からないのだったら、科学者の声に謙虚に耳を傾けて、確率論的にそのボタンがありそうだと思われるところを避けるしかない。そのギリギリの「防衛ライン」だと考えられている数字が1・5度なのだという。未知の要素もあるため、その内側でも安全とはいえないのだが、2度よりは1・5度のほうが生き残れる確率は高まるだろう。

あなたは将来、南極大陸の氷床がすべて溶けて、世界の海水面が60メートル上昇する可能性のあるボタンを押したいだろうか。核戦争のボタンと同じで、誰もそんなボタンを押したくはない。

科学者の中には、そのボタンを押すリスクに比べれば、多少副作用のある劇薬を飲んででも、食い止める必要があると訴える者もいる。ジオエンジニアリング（気候工学）と呼ばれる手法で、人工的なやり方で二酸化炭素を減らそうというものだ。中には、太陽光を遮るために空に粒子をまくとか、巨大な反射鏡を宇宙に設置して太陽エネルギーを跳ね返そう、といったものもある。その他、二酸化炭素を空気中から回収して地中に閉じ込めるテクノロジーも真剣に研究や実証実験が行なわれている。だが、気候を人為的に操るという倫理的な問題や、その行為によって生じる副作用の全貌が明らかになっておらず、できればこの劇薬を飲む事態は避けたいのが本音だ。

しかし、いま人類が直面しているのは、まさにギリギリの瀬戸際。例えはよくないが、がん患者が「ステージ4です」と告げられている状態だ。治療法は残されているが、本気で生活や産業構造のすべてを見直すことが必須で、場合によっては大手術のリスクを取る必要があるほどの事態なのだ。

地球温暖化 4度上昇の惨劇

補足しておくと、ホットハウス・アース理論が予測する地球環境の変化は、直線的な変化ではない。前の氷河期が終わって以来、1万2000年間、安定している地球がホットハウス・アースという次のフェーズに突入する可能性は、ほんの一押しの物理的な力で起きうる。それも、いったん次の安定状態に陥ったら、当面あがいても出てこられない。まるで蟻地獄に落ちてしまったアリのように、落ちるのは簡単で、上がるのは難しいのだという。このため、このメカニズムにハマると、人間が2度に気温を抑えようと思って二酸化炭素を減らしても、自動的に4度程度まで気温は上昇してしまいますよ、というお話だ。

「どうせ仮説でしょ」と言って、この説を受け入れられない人も多いかもしれない。だが混乱しないように整理しておくと、いま私たちは、このホットハウス・アース理論を信じる、信じないにかかわらず、4度上昇への道をまっしぐらに進んでいる。どういうことだろうか。

人類がこのままガンガン二酸化炭素を出し続けると、ホットハウス・アースのメカニズムが仮に働かなくても、出した二酸化炭素の量に応じて気温は上昇していく。これは正比例の関係で、IPCCの第5次報告書にしっかり書いてある科学者の総意としての見解だ。だから累積の二酸化炭素の排出量が7000ギガトンになれば4度程度上昇することになる。

いま人類は、2100年に4度上昇になりかねない道を歩んでいる。パリ協定で世界各国が削減を約束した排出量を積み上げたとしても、2度上昇に抑えるために必要な量には到底足りておらず、このままでは3度以上上昇してしまうことが明らかになっている。

2018年のエネルギー起源の二酸化炭素排出量は17年と比べて1・7％増え、過去最高の約33・1ギガトンに達したことが、国際エネルギー機関（IEA）の報告書で明らかになった。2014～16年はほぼ横ばいで推移したが、2017年は増加に転じ、ついに2018年も増加。アジアの新興国を中心に石炭などの化石燃料の需要が増えたことが原因で、このまま対策が取られなければ2040年まで増加が続くという予想も示された。経済成長を続けながら二酸化炭素を減らしていくことがいかに難しいかを改めて突き付けられ、暗澹たる気持ちにさせられる。さらに、2019年にアマゾンやインドネシア、シベリア、オーストラリアなど世界各地を襲った森林火災から放出される二酸化炭素の莫大な量なども考慮すると、人類が4度上昇という最悪のシナリオに向かって歩みを続けているのは、残念ながら現実なのだ。

では、世界の平均気温が4度程度上昇すると、どんな現実が待ち受けているのだろうか。

グリーンランドや南極の氷床融解などによる海面上昇についていえば、平均海面水位が59センチメートル上昇した場合、影響を受ける日本の三大湾（東京・名古屋・大阪）のゼロメートル地帯の面積は5割増大すると予測されているが、最新のＩＰＣＣの報告書では、２１００年に最大１１０センチメートル（しかも氷の融解メカニズムのすべてを組み込まない控えめな数字として）上昇するという衝撃の数字が示された。日本の海岸線は浸食を受け、90％以上の砂浜が消滅すると見られている。

熱波については、平均気温が１度上昇した２０１９年の夏、パリで42・５度、南仏モンペリエ近郊で45・９度を記録。インドのラジャスタン州では50・８度と、人間の生存限界ともいえる気温が現実のものになり始めている。さらにアラスカなど北極圏でも34・８度を観測し、７月の世界平均気温は史上最高を更新している。

日本でも最高気温が40度を超す日が現れ始めたが、平均気温が４度上昇した世界が到来すると、東京の年間平均気温はいまの屋久島と同程度となる。最高気温が30度以上の真夏日は、東京など東日本の太平洋側では約１０５日、大阪など西日本の太平洋側では約１４１日に増加すると見られる。まるで亜熱帯だ。そして、熱中症など暑さの影響で亡くなる人の数は年間１万５０００人を超えると予測されている。

雨の降り方はどうだろう。気温が１度上昇すると水蒸気量が７％増えるため、１時間に50ミリメートル以上の非常に激しい雨が降る回数も、全国平均で２倍以上になると予測されている。

台風も、発生回数は少なくなる可能性があるが、日本近海の海面水温が高いため、より強大な台風が上陸する危険性が増している。

世界では、より厳しい干ばつに見舞われる。億単位の膨大な人口が食料危機や水危機に晒され、海面上昇の影響も含め、いわゆる環境難民として移住を余儀なくされる。それに伴う紛争も増加、気候はまさに「安全保障上の重大問題」となる。それだけではない。デング熱やマラリアなど感染症の増加や、永久凍土に眠っていた未知のウイルスの拡散も懸念されている。絶滅の危険に晒される種は16%にも上り、激変する北極圏で暮らすホッキョクグマも絶滅してしまう可能性が高いと見られている。有形無形の被害総額は、想像を絶するものとなる。

だが、2度程度の上昇でも、被害は決して〝軽い〟ものではない。

海水温が高くなると白化現象が頻発する暖水域のサンゴは、1・5度の上昇でも70〜90%が死滅、2度上昇した場合は、ほぼ絶滅すると予測されている。サンゴが死に絶えた海で何が起きるのか。漁場や観光資源の消失にとどまらないであろうその変化の全貌を、私たちはまだ何も知らない。海洋生態系にどんな異変が起きるのかは誰にも予測できないのだ。

もちろん、すでに顕在化している異常気象の頻発や海面上昇は、南太平洋のサモアやツバルなど脆弱な地域から順に、土地・家屋の喪失や井戸に海水が入り込む塩害など計り知れないダメージを生じさせている。仮に2度未満に抑えることができたとしても、その被害額は世界の

GDPの1・2％に相当する恐れがある。これは実は、世界大戦並みの甚大な被害だと経済学者たちは考えている。

“時間がない”という科学者たちの懸念

早ければ2030年にも1・5度上昇してしまう、ということがどれほどの意味を持つことなのか、少しは感じていただけただろうか。ちなみに、IPCCの特別報告書では1・5度に達する予測の幅を2030～2052年と見積もっているので、予測の中央値で見ても2040年頃には、この問題に直面していることになる。

2018年10月にこの報告書が出て以来、世界で急速に「2度では危険、1・5度をめざそう！」という本気の動きが始まっている背景には、こういう科学者たちの強い危機感があるのだ。だが、残念ながら日本人はまだ、この世界のギアチェンジに気づいていない。

1・5度上昇を避けるために残された時間は、思っているよりずっと短い。IPCCは、1・5度上昇を食い止める道はまだかろうじて残されているが、そのためには2030年までに二酸化炭素の排出量をほぼ半減し、2050年までに実質ゼロにしなければならないと警告している。これは、2020年にも排出量がピークを打ち、急速に減らしていくしか生き残りの道はないということだ。先ほど、2018年度も排出量が増加して過去最高を記録してしまったというバッドニュースをお伝えしたが、箱根駅伝でいえば、山登りをいますぐ終え、その地点から急速に山下りをしない限り実現は困難なほどのスピードを要求されている。

パラダイムシフトを日本のチャンスに！

気の重い話が続いているが、ここで発想を大きく変えてみよう。1・5度に食い止めるための人類〝総力戦〟によるパラダイムシフトこそは、産業革命にも匹敵する史上最大のビジネスチャンスでもある、ということだ。

ビジネスは「グローバルルール・メイキング」、つまり世界市場における主導権を握れた者が勝ち抜く世界だ。本書では具体例に触れる機会が少なかったが、実は中国は、アメリカがトランプ政権に変わってから温暖化対策に後ろ向きになった機会をしたたかに利用し、「生態文明（中国でいうエコ文明）」での覇権を本気で狙っている。再生可能エネルギー産業の世界トップシェアの多くに中国企業の名前があることも、国家戦略の一環なのだ。

翻って、日本は本当にいま〝環境先進国〟と名乗れるのだろうか。かつて、公害対策でも省エネルギーでも再生可能エネルギーの草分けとしても、世界の先端を走っていた時代に刷り込まれた〝環境先進国〟ニッポンという言葉をノスタルジーとして噛み締めながら、思考停止してしまっている日本人が実は、非常に多いのではないだろうか。

世界で起きている脱プラスチックや脱炭素、循環経済への〝激変〟ぶりをアップデートすることなく、既存のやり方に固執することは、じわじわ温められながら気づかぬうちに死んでしまう〝茹でガエル〟になって、「史上最大のビジネスチャンス」に乗り遅れるリスクを負っていることになる。

何より危険なのは、土俵にすら上がれていないことだ。実際に、2019年9月の国連の温暖化対策サミットで、温暖化の野心的な削減目標を提示できなかった日本は、世界第6位の二酸化炭素排出国であり、1997年に気候変動への国際的な取り組みを定めた京都議定書を主導した国でありながら、演説するチャンスすら与えられなかった。12月にスペインで開かれたCOP25では、梶山経済産業大臣が「石炭火力発電所は選択肢として残していきたい」と述べたのを受けて、国際NGOから温暖化対策に消極的な国に贈られる「化石賞」に日本が選ばれた。

脱プラスチックに関しても、正直、野心的な目標が打ち出せず、歩みは遅い。まず自らが国内で高い目標を掲げ、さらに、これから発展していくアジアで〝パラダイムシフト〟を起こすための協力やビジネスを率先して行なうことが、真の〝環境先進国〟の使命であり、日本の産業競争力の確保にもつながるのではないか。

グローバル化が進む現代、すべてのサプライチェーン、バリューチェーンはつながり合っている。世界の動きが脱プラスチックや脱炭素へと向かう中で、日本だけがガラパゴス政策を取って生き残ることは到底できない。残念ながら、メディアの責任もあって、英語での情報量と日本語での情報量には大きな違いがあり、1周遅れどころか2周遅れになりかねない状況がある。この問題が経営の主流であることを強く意識し、環境部門だけでない戦力を投入し、自ら学び、情報を取りに行き、行動に移していく必要がある。

変化に対応できるものだけが生き残る。日本はとかく横並び意識が強く、縦割り構造の中でダイナミックなシステムチェンジに対応するのが遅れる傾向がある。しかし、かつての護送船団方式はいまや通用しない。それどころか、平成の〝失われた30年〟の間に、日本の産業競争力は相当失われてしまった。なぜ、トップランナーだったはずのソーラーパネルや風力発電技術などで負け戦を強いられているのか。実際には、再エネ大国ドイツ以上の自然エネルギー導入のポテンシャルを持ちながら、世界から後れを取っている現実を直視する必要がある。

カギを握る人材育成

パラダイムシフトを起こすには実は、人材育成がカギを握る。率直に言って日本は、脱プラスチックや脱炭素の担い手となる人材育成を本気で進めているだろうか。イタリアでは、公立学校で気候変動について学ぶことが世界で初めて義務化されたが、気候変動の危機についてもっと深く知り、SDGsについてしっかり学ぶ場を増やしていくことは喫緊の課題だ。さらに日本の教育は、イノベーションを起こすことができる、自ら考える力を持った人材を育てることが不得手である。しかも、そういう柔軟な発想を持った若者が自由に研究したり提案したりできる環境が、果たして大学や企業にあるといえるだろうか。回り道のようだが、この基礎インフラをまず充実させることが、パラダイムシフトには欠かせない。

先日、元アメリカ副大統領のアル・ゴア氏の財団が主催する日本初のセミナーを取材した。これは、気候変動についての〝伝え手〟となり、行動を起こしていく媒介者となる人材をトレーニングするものだが、ゴア氏は世界中でこうしたセミナーを開催しており、そこで学んだ人々がいまではリーダーとして各地で変革の担い手となっている。

「不都合な真実」を訴え続けてきたゴア氏の今回の危機感は凄まじいものがあった。身振り手振りを交えて、数百枚ものスライドを駆使しながら、本気で気候変動問題の重要性を語りかける姿。丸2日にわたって受講した800人ほどの学生や市民・企業関係者の食い入るような強い眼差しと、直後からの各方面への発信を見るにつけ、日本でもこうした機会を増やしていくことの重要性を痛感した。

ここまで読まれた読者にはすでにお分かりのように、気候変動問題の理解には正しい科学的な知識やリテラシーが不可欠で、行動を起こすには、経済学や社会心理学、倫理学や教育学といった幅広い知見も重要だ。だからこそ、SDGsの学びや実践と合わせて、戦略的にこの分野を強化していくことが求められていると私は感じている。

一方で、冷静に考えてみると、今回の変革は日本への期待も極めて大きい分野だ。

もともと、自然への畏敬の念や自然との共生は、日本人の原点ともいえる世界観であり、「もったいない」という言葉も「MOTTAINAI」として、ワンガリ・マータイさんによって世界に広められている。「足るを知る」という仏教の教えもある。里山里海の文化も然りだ。

そして何より、インフラ整備の高い能力やその緻密な運営能力に見られるように、日本人の持つ勤勉性や正確さ、あくなき改善の向上心によって、ビジョンさえ定まればいかようにも画期的な製品やビジネスモデルを生み出す資質に溢れていると私は信じている。

例えていえば、本来、デジタル技術とコンピュータによる予測技術を駆使して気象ビッグデータを読み解き、再生可能エネルギーの発電量と送電線に流す量をコントロールしていくような緻密な技術は、日本が最も得意とする分野なのではないだろうか。なにしろ、新幹線をあれほど精密なダイヤグラムで運行している世界に誇れる技術がある国なのだから。であるのになぜか、失礼な言い方だが、ダイヤの遅れもほとんど気にしないスペインのような国が、あっという間にそうした技術を実践に移して、データを蓄積し、脱炭素化のカギを握る再エネの安定運用技術を我が物にして、あわよくばこうした技術を世界に売り込もうとしているのが実情だ。日本ははるかに出遅れてしまっている。

プラスチック問題の解決に向けても、日本企業が高いポテンシャルを持っているのは間違いない。アジアへの貢献も視野に入れて、ダイナミックなリーダーシップをいまこそ発揮してほしいと思う。

最後に、私たち一人一人の市民にできることを、いま一度、整理しておきたい。

❶ライフスタイルを見直す

できることから、いまのライフスタイルを見直そう。確かに膨大な二酸化炭素を排出しているのは企業かもしれない。だが、その企業をそう仕向けているのは、私たち一人一人の消費者の行動だ。もっと便利に、もっと早く、もっと豊かに、ということだけを追い求めるライフスタイルでは、もはや立ち行かなくなっている。具体的には、マイボトルを持つ、エコバッグを持参するところから始めよう。プラスチック包装の少ない商品を買おう。買う時にマークをしっかり見よう。リサイクルプラスチックと書かれているとか、環境に配慮したことを示す国際認証のものをしっかりチェックしよう。

何か行動する時に、どれくらい環境に負荷をかけているかを意識しよう。飛行機に乗る時、もっと二酸化炭素を出さない移動手段がないか考えよう。牛肉を食べる時、この肉を作るのにどれくらいの負荷がかかっているのか知った上で、肉を食べない日をつくってみよう。牛肉1キログラムの生産過程で排出される二酸化炭素は重さ16キログラム相当で、同じ1キログラムの豚肉生産の4倍、鶏肉に比べれば10倍以上だ。ほんの少し意識するだけで、アマゾンの熱帯雨林が飼料用の大豆畑に変わるのを食い止めることができる。食品ロスを出さないことも効果的だ。IPCCでは、世界の食品ロスと食品廃棄は、人為的な温室効果ガスの総排出量の8〜10％に寄与していると分析している。改めてその影響の大きさに驚かされるが、ここを改善できれば、二酸化炭素の削減に大きくつながる。冷蔵庫の中身についてちょっとだけ真剣に考えることが、地球を救うことと直結しているのだ。

❷〝循環経済〟全体を意識する

もっとLCA（ライフサイクルアセスメント）を知ろう。リサイクルもやり方を間違えると、地球環境に負荷をかけるだけになってしまうこともある。企業は皆、このLCAの3文字を突き付けられることに脅威を感じている。見せかけのグリーンか、本物のグリーンかの分かれ道だからだ。「LCAはどうなっていますか?」と尋ねるだけでプレッシャーになる。エコバッグさえも大量に買い換えてばかりいては、トータルでの環境負荷を高めてしまう。必要のないものを買わない、選んで買う、という心がけが一番大事になってくる。

リサイクルを進める時は、日本のリサイクルが〝サーマルリサイクル〟つまり「熱回収」が半分以上であり、国際的にはリサイクルのカテゴリーに入らないことを意識しよう。いまのままでは、せっせと分別して集めたプラごみも、実は一緒に燃やされているのだ。真の循環経済が進むよう、積極的にもっと効果的なリサイクルの輪をつくろう。リサイクルをはじめとする循環経済の分野は、地域の新しい産業づくりや雇用の場づくりにもつながる。新しい挑戦をしている企業や団体を応援し、古着やペットボトル、古い携帯などを持ち込んで活かしてもらう場を増やしていこう。消費者の声が、一番企業には効くのだから。

❸〝脱〟をポジティブに捉える

私が個人的に重要だと思うのは、脱プラスチックや脱炭素を実現することが、我慢や苦行を強いるものだ、というネガティブシンキングをやめることだ。対策を取ることは実は、私たちの暮らしがもっと豊かになり、新しい価値を生むのだとポジティブに捉えよう。そのヒントは、トータルソリューションと一石二鳥のコベネフィット戦略にある。気候変動やプラスチック問題にだけお金を投じているのではなく、これは未来への投資であり、健康の増進や地域力の強化など、たくさんのメリットが返ってくる。そう考えてアイデアを出し合おう。

❹SNSを活用して声を広げよう！

いまは、京都議定書ができた当時にはなかった様々な拡散ツールがある。かつては、一人の個人の力は小さいと考えられていたが、いまでは、グレタさんの活動がわずか1年で800万人近くのデモに広がったように、大きなパワーを持っている。自分がスマホで撮影した動画を発信することで、世の中を変えていけるのだ。「仕方がない」とか「どうせ、世の中は変わらない」という言葉を封印して、まずは一歩を踏み出そう。

Fridays For Future の若者たちがデモの時に叫んでいた掛け声が、私には印象的だった。

「気候は変えず、自分が変わろう！」

この言葉こそ、私たち一人一人に求められているものなのではないだろうか。

❺グレタ世代とともに「ソーシャル・ティッピングポイント」へ

グレタさんは「私たちの家は燃えている。火事になった時のように行動してください」と訴えている。気候非常事態宣言を地元の自治体に要請することも大事な活動だ。すでに世界で

1200以上の自治体が宣言しているのに、日本ではまだごくわずか。非常事態だという認識をみんなで持つことで、政策が大きく変わる。まずは、声を上げよう。そして、未来世代の子どもたちの話を聞こう。

そうすることで「ソーシャル・ティッピングポイント」という、パラダイムシフトを引き起こすための〝いい意味の臨界点〟へと社会が向かう可能性がある。こうしている間にも、これまで二酸化炭素を出してこなかった、弱い立場にあり、脆弱な地域に住む人々は被災し、苦しみもがいている。彼らの痛みを想像し、自分事として考えよう。こうしたアンフェアな状況を許してはいけない。何よりも「明日は我が身」なのだから。

この10年の重みを知り、それぞれの現場で行動を起こそう。くどいようだが、人類に残された時間は多くない。これがラストチャンスであり、「いま」しかないのだ。2020年から2030年という〝最後の10年〟をどう生き抜くのか、私たち一人一人の覚悟と行動が問われている。

あとがきにかえて

本書を執筆していた２０１９年秋、日本は深刻な台風被害に苦しんでいた。千葉県に暴風が襲いかかり、数多くの電柱が倒され、最大64万戸の住宅が停電、不安な夜が幾晩も続いた。パソコンもスマホもエアコンも使えず、テレビも見られない。冷蔵庫の食べ物は腐り、エレベーターも止まって、重たい水の入ったポリバケツを高層階まで運んでいく姿もあった。街は漆黒の闇。ブルーシートを煽り立てる風の音だけが不気味に響き渡っている。いかに〝灯り〟がありがたいものなのか、私たちは思い知らされた。

考えてみれば、まさに私たちが築き上げたこの文明の灯りこそが、強力なモンスター台風を生み出す一因になったのだ。地上の種の一つにすぎなかった77億の人類は、地球を埋め尽くし、化石燃料によって工場を動かし、電気を起こし、プラスチック製品を作り、日々の暮らしの中でそれを使い、一方的に捨てるだけの営みを長年続けてきた。その影響は、地球環境の劣化と生物多様性の減少という大きな代償を伴うものであった。さらには、二酸化炭素などの温室効果ガスの排出によって地球温暖化を進行させ、ついにティッピングポイントと呼ばれる臨界点ギリギリのところにまできてしまった。

私たちが体験しているのは、自然災害という〝天災〟であると同時に、この人新世において、人類が生み出してしまった〝人災〟でもあるのだ。

なぜストローは紙になったのか。もちろん、紙であることがベストな選択だと申し上げているのでは決してない。だが、いまのビジネスの潮流の中で、平気でプラスチックの使い捨てストローを無償で配ることが、近い将来ほぼ難しくなることは、ここまでお読みいただいた皆さんには予感できるのではないだろうか。そして、一見ささやかに思える変化の陰に、ダイナミックなパラダイムシフトの片鱗が垣間見えることに、気づいていただけただろうか。

それは、かつて当たり前のように堂々とタバコをくゆらせていた人々が、健康への悪影響がはっきりしてからというもの、あっという間に禁煙・分煙の波にのみ込まれ、注意深く対処しない限り、自由にタバコを吸うことが認められなくなった動きとも似ている。

いま私たちが直面しているのは、産業革命の際に仕込んだ時限爆弾である「温室効果ガスによる温暖化がティッピングポイントに達してしまう」のが早いか、それとも私たち人類が叡智を結集して「ソーシャル・ティッピングポイントと呼ばれる社会の大転換を起こす」のが早いかの競争だといえる。タバコの例だけでなく、有線の電話から携帯電話への変化がたちまち実現したように、外的条件が整い、人間が本気を出せば、変化は思っているよりもずっと早く訪れると期待したい。

だが、パラダイムシフトを起こすのにはタイムリミットがある。

日本の科学者や研究者の集まりである日本学術会議（会長・山極寿一京都大学総長）は、2019年9月、「『地球温暖化』への取組に関する緊急メッセージ」を発表した。「国民の皆さま」という呼びかけの文章は、「私たちが享受してきた近代文明は、今、大きな分かれ道に立っています」という強い言葉で始まる。そして、我が国を含め世界の現状は変革のスピードが遅すぎるとして、新しい経済・社会システムへの変化を加速してほしいと訴えている。（http://www.scj.go.jp/ja/info/kohyo/pdf/kohyo-24-d4.pdf）

この科学者たちの声を国民に届けるには、私たちメディアの役割が極めて重要だ。

イギリスの『ガーディアン』紙では、経営会議で一つの重要な決断をした。私たちが直面している気候非常事態を読者に伝えるためには、気候変動（クライメート・チェンジ）という言い方では十分に伝わらないので、今後は、気候危機（クライメート・クライシス）や気候非常事態（クライメート・エマージェンシー）という言い方に変えていく、というのだ。

公共放送というマスメディアに関わっている人間の一人として、「手遅れになってしまった」とだけは絶対に言いたくない。様々な組織の垣根を超え、立場を超えて、あらん限りの声を上げ、具体的な行動を起こしていきたいと思う。

謝辞

本書は、多くの方々の協力なくしては、書き上げることができなかった。トーマス・フリードマン氏やヨハン・ロックストローム博士、ボイヤン・スラット氏、東京農工大学の高田秀重教授、国立環境研究所の江守正多氏、地球環境ファシリティCEOの石井菜穂子氏をはじめ、取材に応じてくださった専門家、NGO、企業の方々に、改めてこの場を借りて心より感謝申し上げたい。

また、このBS1スペシャルの企画に携わり制作統括を務めてくれたNHK制作局の棚谷克巳氏、編成主幹の千葉聡史氏、オーシャン・クリーンアップの取材を続け、ボイヤンのコラムを執筆してくれたフリーランスのディレクター小林俊博氏、そして長年、気候変動問題の番組制作を共にし、今回もビジネス界の動きをリポートしてくれた株式会社こそあどのディレクター橋本直樹氏には、改めて心より感謝の意を表したい。BS1スペシャルのスタッフはもとより、関連番組として放送したクローズアップ現代プラスやNHKスペシャルの山下健太郎ディレクター、服部泰年ディレクター、松木秀文プロデューサーをはじめとするチーム、また貴重な示唆をいただいたＮＨＫエンタープライズの坂元信介部長にも御礼申し上げる。

なお、本書に記した考えは、あくまで私の個人的見解であり、筆者が所属する組織を代表するものではなく、文責のすべては私にあることを申し添えておきたい。

２０２０年、パリ協定が本格スタートするこの節目の年の始めにこの本が上梓できたことは、願ってもない機会であった。最後に、このチャンスを与えてくれた山と溪谷社の編集者であり、日本環境ジャーナリストの会の仲間でもある岡山泰史氏とのご縁にも感謝し、一層心を引き締めて、この問題の重要性を伝え続けていけたらと思っている。地球の持続可能な未来を願って……。

２０１９年12月　堅達京子

【BS1スペシャル】

"脱プラスチック"への挑戦

〜持続可能な地球をめざして〜

放送:2019年4月14日(日)

NHK BS1 22:00〜23:49(99分)

語り	窪田 等
声の出演	シグマ・セブン
映像提供	THE OCEAN CLEANUP TEDxDelft Hawaii Wildlife Fund
撮影	今井 巧　志水 久　高岡洋雄
コーディネーター	ファスティノ・ヘルナンデス 木村ひろみ　西本義次 アネテ・エルベ
映像技術	新井順一
音声	髙梨智史
音響効果	細見浩三
編集	石井和男
ディレクター	橋本直樹　小林俊博
制作統括	堅達京子　棚谷克巳
制作	NHK エンタープライズ
制作協力	こそあど
制作・著作	NHK

堅達京子（げんだつ きょうこ）
NHKエンタープライズ　エグゼクティブ・プロデューサー

1965年、福井県生まれ。早稲田大学、ソルボンヌ大学留学を経て、1988年、NHK入局。報道番組のディレクターとして『NHKスペシャル』や『クローズアップ現代』を制作。2006年よりプロデューサー。NHK環境キャンペーンの責任者を務め、気候変動をテーマに数多くのドキュメンタリーを制作。2017年より現職としてNHKスペシャル『激変する世界ビジネス “脱炭素革命”の衝撃』、BS1スペシャル『“脱プラスチック”への挑戦 ～持続可能な地球をめざして～』を放送。日本環境ジャーナリストの会副会長。環境省中央環境審議会総合政策部会臨時委員、文部科学省環境エネルギー科学技術委員会専門委員。主な著書に『失われた思春期 祖国を追われた子どもたち サラエボからのメッセージ』（径書房）、『NHKスペシャル 家族の肖像 遺志　ラビン暗殺からの出発』『NHKスペシャル 新シルクロード』（ともにNHK出版）。

【主な参考図書】

『プラスチックスープの海』
（チャールズ・モア、カッサンドラ・フィリップス 著　海輪由香子 訳　NHK 出版　2012 年）
『プラスチック汚染とは何か』（枝廣淳子 著　岩波ブックレット　2019 年）
『プラスチックの現実と未来へのアイデア』（高田秀重 監修　東京書籍　2019 年）
『海を脅かすプラスチック』（ナショナル ジオグラフィック日本版　2018 年）
『プラスチック・フリー生活』
（シャンタル・プラモンドン、ジェイ・シンハ 著　服部雄一郎 訳　NHK 出版　2019 年）
『クジラのおなかからプラスチック』（保坂直紀 著　旬報社　2018 年）
『海洋プラスチック汚染』（中嶋亮太 著　岩波書店　2019 年）
『ど～する海洋プラスチック』（西尾哲茂 著　信山社　2019 年）
『グレタ たったひとりのストライキ』
（マレーナ&ベアタ・エルンマン、グレタ&スヴァンテ・トゥーンベリ 著　海と月社　2019 年）

脱プラスチックへの挑戦

持続可能な地球と世界ビジネスの潮流

2020年2月 1日 初版第1刷発行
2021年4月 5日 初版第4刷発行

著者 堅達京子+NHK BS1スペシャル取材班
発行人 川崎深雪
発行所 株式会社 山と溪谷社
〒101-0051 東京都千代田区神田神保町1丁目105番地
https://www.yamakei.co.jp/
印刷・製本 株式会社 光邦

◉乱丁・落丁のお問合せ先
山と溪谷社自動応答サービス Tel. 03-6837-5018
受付時間 10:00〜12:00、13:00〜17:30(土日、祝日を除く)
◉内容に関するお問合せ先
山と溪谷社 Tel. 03-6744-1900(代表)
◉書店・取次様からのお問合せ先
山と溪谷社受注センター Tel. 03-6744-1919 Fax. 03-6744-1927

＊定価はカバーに表示してあります。

Printed in Japan
ISBN978-4-635-31041-3